向孩子借來的地球

20個自然生活練習，
打造綠色家園與可持續的未來

2

我們真正需要的東西，就在身邊
YOU HAVE EVERYTHING YOU NEED

1

活出自己 BE YOURSELF

索耶冒險隊長
在這本書裡想傳達的
5 件事

\ 索耶冒險隊長是誰？ /

在地球上開心、勇敢地生活，為「樸門永續生活」展開冒險的男孩。

向孩子借

20個自然
打造綠色家園與

3 所有的物品都可以自己製造 YOU CAN CREATE WHATEVER YOU WANT

4 各種事物都有關聯 INTER-BEING

5 開心過日子！ JUST HAVE FUN！

來的地球
生活練習，
可持續的未來

寫給正在閱讀這本書的你

哈囉！
為了跟大家一起在地球上展開愉快的冒險、
召集更多夥伴，我跟朋友編了這本練習本，
我們擁有比自己想像中更強大的能力，
什麼都可以自己動手做，
因為我們也是地球的一部分。
不過，還有很多人沒察覺到這件事，
我們希望能藉由這本書讓大家意識到這種可能性，
成為喚醒潛能的契機～
地球是我們重要的家，
提供我們生存所需的事物，更是無可替代的星球，
所以一定要好好珍惜它，學習更多與自然和諧相處的方法，
因為有地球，所以才有我們。

目錄

向孩子
借來的地球

—— 20個自然生活練習，——
打造綠色家園與可持續的未來

什麼是「樸門永續生活」？

「樸門永續生活」就是為了在地球愉快地生存，在生活中應該實踐的原則。這些智慧來自原住民、農家、動物與植物，我們將這些內容整合起來：

- - - - - - - - - - - - - - - - - - -

1 珍惜愛護地球

2 尊重所有人（包括自己在內）

3 與其他人共有、相互給予

- - - - - - - - - - - - - - - - - - -

要怎麼做才能實踐這三項原則？
你也一起來加入樸門永續生活的探險吧。

吃

edible

吃東西
就是活著

To Live is to Eat

我想說個故事給你聽：

在某個國家的小島上，有座「食物森林」。

在這座森林的地面上，彷彿地毯一樣遍佈著草莓與哈密瓜。

穿越了垂綴著香蕉與桃子的水果隧道以後，

將會看到結實累累的芒果樹叢。

當芒果從樹上掉落，剛好已經熟透，果肉又軟又甜，

嚐起來就像果醬似的。

在這座「食物森林」裡，不論在什麼時候，每個人都可以大快朵頤。

在這座地球上的每一種生物，都很喜歡吃東西，

不論是小鳥、人類，或是土壤裡的昆蟲。

在食物附近，自然會有生物聚集。

看到吃的東西會感到雀躍期待，正是活著的證明。

在我們的周遭，其實有很多可以吃的東西。

不過我好像聽到你說，自己身邊沒有像這樣的食物森林？

那就自己來創造吧。

就算不是廣袤的森林，

打造小型的食物田園也很好。

因為每一座森林，

起初都是從小小的嫩芽開始成長茁壯。

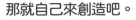

建立種植食物的園地
Grow a Garden

當你肚子餓的時候，
要怎麼取得食物？
直接去超市購買嗎？
不過請試著想像一下，
由自己栽培，長著各種各樣蔬菜水果的園地，
蜜蜂鑽進隨風搖曳的花朵採蜜，
小鳥也飛來玩耍。

你也可以

創造出像這樣的環境。

食物可以從商店裡購買，

可以在某處摘取，

也可以自己種植。

既然有機會，就試試看吧！

種植食物的園地，

也就是孕育出 你想要的東西的地方。

那或許是 想送給媽媽的漂亮鮮花、

可以跟爸爸一起動手的工作間、

跟朋友一起玩的祕密基地、

玄關與陽台……

就從這些立刻可以實踐的地方開始吧！

種植食物的田園
有9層

從森林的生態模擬田園設計

如果仔細觀察森林，就會發現由9種不同性格的植物（層）構成。包括長得很高的樹、稍微矮一點的樹。覆蓋在地面上的草、長在土裡的根莖類植物，還有非常微小的菌類。它們都發揮了自己個性與特長，互相幫助共同生活。只要好好搭配這9層組合，即使沒有費心照顧，也可以種出像森林一樣、自然又健康的植物。

你知道什麼是
「菌根菌」、「根瘤菌」嗎？

「菌根菌」是幾乎所有植物根部普遍存在的真菌，「根瘤菌」是住在豆科植物根部的細菌。在植物生長時，這兩種細菌發揮了相當重要的作用。雖然土壤與空氣中含有大量的磷與氮，可以為植物提供營養，但是光靠植物本身的力量，還無法完全吸收養分。「菌根菌」會將菌絲（構成菌的絲狀物）伸入土中，粒狀的「根瘤菌」則是從空氣中獲取植物所需的營養。

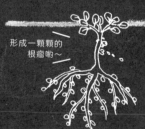

形成一顆顆的
根瘤喲～

去路邊探險！尋找根瘤菌！

棲息在植物根部的「根瘤菌」，沒想到就悄悄地潛藏在我們的生活周遭。說不定你家附近也有喔！

1. 高大的樹木

受到充分的陽光照射，長得很高的樹（栗樹、胡桃木等）。

2. 中等高度的樹

高度約3～6公尺（蘋果樹、柿子樹等）。

3. 低矮的樹木

高度約3公尺以下的灌木（藍莓、迷迭香等）。

4. 草本植物

無法長成樹木的植物（番茄、包心菜等）。

5. 地被植物

覆蓋著地面的植物（薄荷、南瓜等）。

6. 根莖類植物

會在土壤中生長出可以吃的根莖（馬鈴薯、紅蘿蔔等）。

7. 藤蔓植物

攀附在其他物體上生長的植物（葡萄、奇異果等）。

8. 水生植物

在水中生長的植物（蓮藕、綠蟲藻等）

9. 菌類

生長在朽木與植物陰影下的生物（香菇、麴菌等）

WORK SHEET

在家裡打造食物的園地

只要花點心思，各種地方都可以變成菜園。

必要的物品

可以當作
花盆的各種容器

美工刀

土

手
（或是鏟子）

植物的種子
或幼苗

來嘗試看看

1 畫設計圖　試著描繪看看你想打造的菜園設計圖。你想在哪些地方種植什麼樣的植物呢？

2 製作花盆　試著利用周遭的物品當成花壇。

3 種植　植物有適合生長的季節，與不適合生長的季節。有可以一起種植、相處融洽的植物，有些則會互相排斥。究竟在什麼時候一起種植哪些植物最好呢？

4 觀察　在一個星期會成長多少呢？葉子是什麼樣的形狀？澆水以後會如何？

5 製作肥料　每天產生的廚餘，將化身為肥沃的土壤。

6 收成　大口品嚐剛採收的成果！自己種的東西竟然這麼好吃！

陽台的食物園地

牆壁菜園
寶特瓶或鮮乳包裝，也能化身為可以防水的花盆！

植物的簾幕
可以遮蔽直射日光，讓房間保持涼爽，在炎熱的季節最能派上用場。

欄杆菜園
只要在陽台欄杆掛上花槽，植物就可以享受相當充裕的日照！

曬乾的蔬菜水果
藉由天然日曬，製作蔬菜片與果乾，好吃又營養豐富。

從懸掛在空中的花盆，竟然可以長出番茄!?

栽培香菇
在陽光照射不到的陰涼場所，放置填入菌種的原木或太空包栽培。

蚯蚓堆肥箱
藉由蚯蚓分解廚餘與紙類，作為栽培植物的肥料。也可以利用塑膠桶製作。

再生蔬菜
把蔬菜切下來不要的部分、種子或根部沾水埋進土裡，就有可能重新生長、收成。

倒吊番茄
把底部截掉的寶特瓶也可以變身為花盆！這樣既不容易被蟲咬，就算沒有寬闊的空間也可以栽種。

我們生活周遭的花盆替代品

蛋殼

已經不穿的舊球鞋

爸爸的寶貝吉他

要是路上也有像這樣的食物園地就好了。
說不定在路旁也有可以開闢成田圃的地方!?

如果想在路旁種些什麼，

請參考 P58 ～ 61「瞞著大人悄悄地播種！」

WORK SHEET

找出最要好的植物搭檔！

有些植物如果一起種植，可以凸顯彼此的優點，防治病蟲害，生長得更健康，這樣的例子稱為「共生植物」。譬如像番茄與羅勒，收成後還可以拿來作披薩跟義大利麵，同時也是美味的組合。你也可以試試看，找出最要好的植物搭檔！

羅勒適合半日照的環境，所以長得比較高的番茄正好可以遮蔽部分陽光。

羅勒很會吸收水分，跟水分少時就會變甜的番茄，有著互補的特性。

羅勒的香氣可以驅離昆蟲。

已經沒在用的包包，或是不會破的袋子，都可以變身為花盆！

什麼是共生植物

如果一起種植會帶來好的影響，這樣的組合稱為「共生植物」。具有不容易遭受病蟲害侵襲、促進生長、讓蔬果風味更佳的優點。因為是藉由自然的力量，不必噴灑農藥，建議運用在家庭菜園或花盆植栽。可以種植不同科的植物（發揮彼此的特性）、高度不同的植物（不會彼此爭奪日照），或是生長速度不一樣的植物，以便有效利用空間。在這些搭配下功夫，也是經營菜園的樂趣之一。

共生植物圖鑑

以下為大家解說最具代表性的共生植物特色！
你可以試著利用它們的特性，一起栽培適合的植物搭檔。

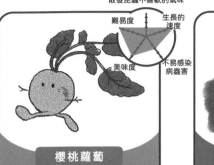

櫻桃蘿蔔

品種	：十字花科

專長	：保護菊科植物不受病蟲害侵襲！

特性	：別名「二十日蘿蔔」，生長快速、活力充沛的小不點。

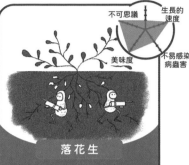

落花生

品種	：豆科

專長	：藉由根瘤菌的力量為土壤注入營養！

特性	：潛入土壤中生長，神秘的植物。

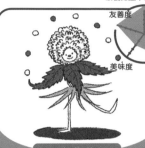

金盞花

品種	：菊科

專長	：驅離線蟲（造成植物根部腐爛的蟲）！

特性	：不論跟什麼植物都能和睦相處，人緣極佳。

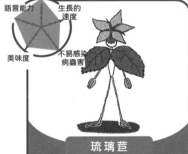

琉璃苣

品種	：紫草科

專長	：會唸出讓草莓變得更好吃的咒語！

特性	：有助於授粉。跟蜜蜂與馬蠅都很要好的帥哥，喜歡草莓。

皺葉萵苣

品種	：菊科

專長	：保護十字花科的植物不被蟲吃！

特性	：最喜歡日光浴，過著悠哉的生活。

草莓

品種	：薔薇科

專長	：以可愛外型與甜美氣息迷倒大家的高糖陷阱！

特性	：彷彿需要保護的公主。

為什麼明明沒有人去打掃森林，裡面卻不會
堆滿落葉與動物的屍體？
那是因為土壤中的微生物分解了落葉與動物的遺骸，
轉化為森林所需的重要養分，
蘊含在土壤中。

生命的轉化

透過堆肥箱，將廚餘
變成堆肥

尋找土壤中
隱藏的
「放線菌」！

像這樣
利用自然的力量，
將廚餘轉變爲堆肥的裝置，
就是「堆肥箱」。
藉由蚯蚓與微生物，將日常生活產生的廚餘變成肥料，
用肥料栽培植物，接下來又長成我們所吃的食材。
我們本身也是生命轉化的「輪迴」一部分。

生命的循環

① 落葉與樹木的果實枯萎的花草堆積在土壤上。

② 昆蟲與動物的遺骸也會覆蓋在地上

③ 土壤中的微生物（細菌）與蚯蚓將它們吃掉、分解。

④ 分解後化爲植物所需的營養，讓樹木長得更蓬勃。

生活中的循環

② 產生切掉的菜根等廚餘。

① 食用從土裡長出的青菜。

③ 放入堆肥箱（箱內裝著帶有蚯蚓與微生物的土壤）。

④ 在堆肥箱內產生分解的作用。

⑤ 在廚餘變成土壤的過程中，產生的液肥與堆肥含有許多營養，可以讓蔬菜長得更健康。

1
尿液也可以當作肥料使用喔。

真的嗎？

2
不過如果直接澆在植物上，由於濃度過高，恐怕會導致枯萎！

3
以十到二十倍的水稀釋，跟植株稍微保持距離，試著每天澆一點！

4
哇！長出好大的地瓜！

BIG

欸!? 聽說尿液可以當肥料，是眞的嗎!?

健康的人尿液中含有氮、鉀、磷酸鹽等植物不可或缺的養分，所以據說有肥料的效果。尤其適用於橘子等柑橘類果樹。

讓大家聚集的
美味田園
Gardening
a Community

你已經有個栽培食物的小小園地，
如果再多些什麼，
好像會變得更有趣？
要是朋友、爸媽、附近的鄰居、
學校的老師也加入行列，
一起種植蔬菜水果，
就能栽培更多的植物。
等自己種的蔬菜可以收成了，
乾脆來辦場披薩品嚐會吧？

如果有欠缺的材料，
可以請大家幫忙帶來，
或是像尋寶一樣，
四處探索也無妨。

像是附近母雞下的蛋，
蜜蜂採集的花蜜，
生長在路邊的野草，
有些說不定可以吃。

你會用什麼樣的烤爐呢？
說不定可以
自己挖土堆窯爐！
製作的方法
可以請教懂的人，
或是詢問周遭其他人。
只要材料與道具準備齊全，
就可以開派對囉！

聞到食物的香氣，
人們將會漸漸聚集而來。
一開始由你發起的食物田園，
不知不覺間變成
美味的祕密基地。
如果跟大家一起品嚐，
感覺會更好吃喲。

STORY

歡迎來到森林與田園的教室

在校舍後方有著綠意盎然的樹林，校園裡遍布著田圃，種植著各類蔬菜水果與花卉。在東京都多摩市立愛和小學裡，有著樹種豐富的林木、種植著可食用植物的大片田地，老師在這樣的環境教導學生「生命之間的關聯」。所有學童一起種植蔬菜、享用成果，加上照顧雞、觀察森林，將這些活動與理科、國語、數學、社會等科目連結在一起。親眼觀察、親手接觸、嗅聞氣味、聆聽聲音，最後再品嚐滋味。在森林與田園的教室裡，每天都會有無數新發現。

攝影·鳶谷部有子

1年級生 生活科

在二年級生的教導下，首次嘗試種菜！

2年級生 生活科

夏季蔬菜與地瓜

從植苗到收成、烹調，全都可以親身體驗。收成之後就能舉行蔬菜餐會！

蚯蚓堆肥箱

這裡堆積著田裡清除的野草、蔬菜在料理時切掉的部分、蛋殼等，作成堆肥後又將回到田裡……

6年級生 社会　理科　家庭科

馬鈴薯

在光合作用實驗中，栽培的馬鈴薯有5種。等實驗結束後，可以作出5種洋芋片！

5年級生 社会 理科 家庭科

米

由當地的農家教導如何種稻。從插秧到除草、收割,全都是手工進行!

養雞小屋

在稻田間昂首闊步、四處奔跑的雞,是我們重要的夥伴。

3年級生 理科 家庭科 國語 社會

黃豆

從一顆黃豆可以種出多少豆子?種植黃豆,品嚐毛豆及味噌、豆腐等不同製品,體驗過程。

4年級生 理科

循環

在照顧雞的過程,觀察生命的奧秘。雞糞化為土壤以後,可以提供蔬菜養分!

東京都多摩市立愛和小學的
綠色計劃

這所學校擁有獨特的環境教育計劃,將種樹與食育連結在一起。在課堂中透過森林與菜園裡的體驗,建立與各科目之間的關聯,藉此培養兒童的主體性、與人共同合作的特質、解決問題的能力。

田園教我們的事

我們在某一堂課時，播下不同品種的「白蘿蔔」種籽。

其中包括長蘿蔔、短蘿蔔、細蘿蔔、粗蘿蔔，甚至還有紫紅色的白蘿蔔。

這些白蘿蔔彷彿也有自己的個性，大自然裡不會有一模一樣的產物出現。

孩子們記住各種白蘿蔔的名字，討論起自己喜歡的品種、以及它們的味道有什麼不同。

在這堂課裡，蔬菜教導我們「差異性」有趣的地方。

栽培、品嚐蔬菜不僅有趣，也很有教育性。

所以我希望大家都喜歡吃可口的食物、保持好胃口，

對於「吃」保持探究心、好奇心，總是想瞭解更多，

因為這與各種事物都有關聯。

既然這樣，大人也應該給予支持。

不論自己有多忙，都要好好準備正餐。

以後會有越來越多的大人跟著孩子一起思考屬於兒童的未來。

為了大人自己的將來，這也是非常重要的一件事。

田園教導我們許多生命的奧秘，讓活著變得更有趣。

最後，我們要與守護大地的農家作朋友。

堀口博子

一般社團法人日本食育校園董事、菜園教育研究者。編譯的書籍包括《食育菜園 Edible Schoolyard》（家之光協會・2006年）、《簡單飲食的藝術》（小學館・2012年）。

大家一起栽種、一起分享

先讓孩子們決定要種哪些蔬菜，再由全班同學一起栽培。
很多學生原本不肯吃某些蔬菜，經過自己耕種以後，變得不再挑食。

菜園的插畫
：內山涼湖

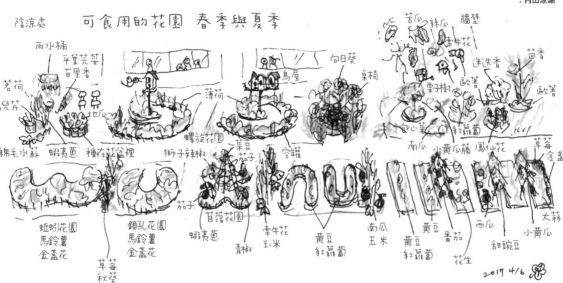

陰涼處　可食用的花園 春季與夏季

雨水桶　苦瓜　絲瓜　牆壁
平葉芫荽　牽牛花
百里香　向日葵　桌椅　茴香
茗荷　鳥屋　迷迭香
鴨兒芹　薄荷　栗子樹　歐芹
地瓜　歐薯
綿毛水蘇　蝦夷蔥　種在花盆裡　螺旋花園　白心菜　紅蘿蔔
獅子辣椒　菜豆　空罐　南瓜　小黃瓜藤　鳳仙花　草莓
茄子　金盞花

蚯蚓花園　茄子　牽牛花　南瓜　黃豆　西瓜　大蒜
馬鈴薯　鎖孔花園　甜菜花園　玉米　玉米　黃豆　番茄　小黃瓜
金盞花　馬鈴薯　蝦夷蔥　黃豆　紅蘿蔔　紅蘿蔔　甜豌豆
草莓　金盞花　青椒　花生　花生
秋葵

2017 4/6

將自己耕種的小麥磨成粉，作成披薩。田裡的其他蔬菜也可以拿來點綴！

可食用的校園
（Edible Schoolyard）

始於美國加州公立中學的教育計劃，必修科目是建立「可食用的校園」（食育菜園），融合在菜園、廚房的教學，讓學生體驗「生命之間的關聯」，從中學習。在日本由堀口女士與志同道合的人們組成「日本食育校園」向教育界推廣。她們與學校老師、家長、地方人士互相協助，建立「一起栽培、一起共食的生命教育」場域。
URL：www.edibleschoolyard-japan.org

像夥伴一樣的
生物們

利用動物的習性，維持田地生態

就像森林裡有許多昆蟲與動物，田裡最好也有各種生物，才會比較豐饒。這些生物會幫助蔬菜生長、爲我們製造食物。譬如像「蜜蜂」與「雞」有哪些習性？

雞

下蛋
↓
提供人類
吃的雞蛋

邊走
邊刨地
↓
可以
幫忙耕地

吃蟲
↓
幫助減少
過量的昆蟲

排便
↓
可以作為
肥料

26

蜜蜂

飛舞在植物
之間

↓

協助授粉

採集花蜜

↓

讓人類取得
部分蜂蜜

用含蠟狀
體液築巢

↓

可製成蜂蠟、蠟燭
和蠟筆的原料

蜜蜂們，等一下！

Q 請問你們最喜歡什麼花？ **A**

我們喜歡「櫻花」、「柑橘花」等山上的花，或是「苜蓿」、「紫雲英」等野地裡的花。一到春天，大家都興奮地閒不下來，我們喜歡小朵、容易採蜜的花。你問為什麼嗎？……雖然這類花朵很普通，但是我們對味道其實並不講究，比起質，我們更注重量，因為蜂巢裡有很多成員要養。當我們發現蘊含花蜜的花海，會對著同伴跳8字形的舞，告訴大家地點。

如果蜜蜂
從世界上消失了

萬一蜜蜂從世界上消失，會發生什麼事？需要蜜蜂幫忙授粉的植物將無法結實，這麼一來全世界將會減少一半以上的糧食！這麼重要的蜜蜂，現在正逐漸減少。我們該怎麼辦呢？

WORK SHEET

用餐前的祈禱

感謝眼前食物所奉獻的生命，以及所有為此付出心力的人們

「我要開動囉」，也是用餐前對生命表示感謝的禱告。
在進食前先稍待片刻。試著誠心誠意地說「開飯了」。

嘗試用
自己的話
說出禱告吧

感謝大自然的恩惠，賜與這份餐點的食材。

謝謝每一位農夫。

吃到美味的料理，心存感激。

希望透過我，將會再次展現這些生命蘊含的能量。

我會細嚼慢嚥，好好品嚐飯菜的滋味。

作：辻 かおり

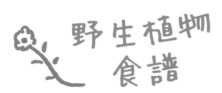 野生植物食譜

野草茶

將艾草或杉菜等野草，晾在不會受到陽光直射的地方風乾。等到變成乾燥野草茶，就可以放在壺裡，注入熱水後飲用。

找到各種野草以後，可以試著比較它們的氣味與滋味！

小鳥的午餐

種子或樹木的果實、水果也可以作為鳥類的食物。要是想知道鳥類愛吃什麼，可以分別擺放不同的東西，看哪一種最先被吃光。

在地球上尋寶

? 各種蝴蝶隨著種類不同，幼蟲的食物也不同。像紋黃蝶的幼蟲喜歡吃什麼植物呢？

? 什麼植物會在種子附上螞蟻愛吃的東西，讓它們心甘情願幫忙搬到更遠的地方？

如果跟蹤螞蟻，它們說不定會放棄種子……

我們可以向人詢問、對照圖鑑，但蝴蝶是怎麼找到植物的呢？

我們應該可以
自己製造些什麼吧？

消費的真正成本
True Cost of Consumption

你今天身上穿的衣服，究竟是由誰、在哪裡製作的呢？

假如這件衣服不能再穿，扔掉後會送到什麼地方？

小鳥不再居住的鳥巢，將會回歸到土壤中，化為植物生長的養分，

新長出的枝與葉，又可以作為小鳥築巢的材料。

在自然中物質的型態不斷變化，持續循環。

不過，在我們的生活中，物品究竟從哪裡來、又將送到何處，

已經無法得知。說不定有些人在我們看不到的地方，

因為太努力工作而過勞，也增加了許多垃圾，

為別人帶來許多困擾。

既然這樣，不如自己動手作，或是把不要的東西送人，

這樣會比較心安吧？ 我們也可以建立一個

就像鳥巢在自然界循環 生生不息的世界。

自己
動手做！
Do it
ourselves!

我們真正想要的東西，
只有自己才作得出來。
如果我們可以創造出自己想要的一切，
這個世界會變成什麼樣子呢？

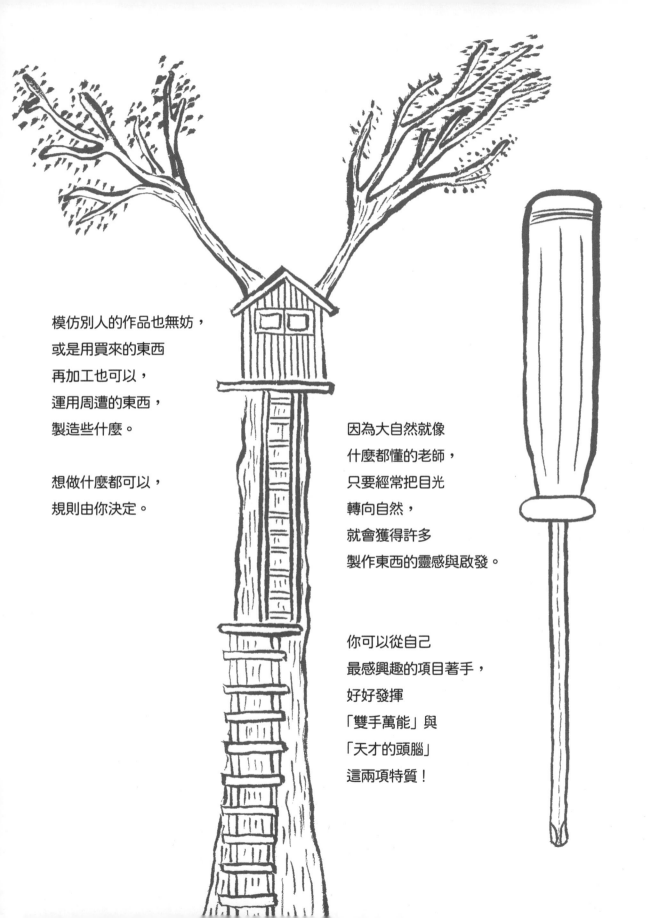

模仿別人的作品也無妨，
或是用買來的東西
再加工也可以，
運用周遭的東西，
製造些什麼。

想做什麼都可以，
規則由你決定。

因為大自然就像
什麼都懂的老師，
只要經常把目光
轉向自然，
就會獲得許多
製作東西的靈感與啟發。

你可以從自己
最感興趣的項目著手，
好好發揮
「雙手萬能」與
「天才的頭腦」
這兩項特質！

必要的物品

杉木木板

北美一枝黃花乾燥的木棒

枯草

因為有相當難度，請多加練習

用枯草包覆著火種，從底下吹，就冒出火來！

將木棒壓在板上旋轉，會出現摩擦產生的粉末。從中會漸漸地冒出煙，這時粉末正成為「火種」。

如何施展魔法

當試用樹枝起火

生火彷彿就像一種魔法。用雙手手掌直直地夾住木棒，在木板上旋轉。當木屑逐漸累積，變成閃閃燦紅光的火種，可以用柔軟的枯草包覆起來，持續對著裡面吹氣。

漸漸地，枯草冒出白煙，變得熱到無法用手捧住。這時竄出如鳥類振翅般的紅色火焰。

當我只隨身攜帶一把刀子，在山中隱居修行時，

生火取火獲得的火苗對我幫助很大。在天寒地凍的日子為我保暖，將生水與野外的生物變成安全的食物。

鑽木取火獲得的火苗對我幫助很大。在天寒地凍的日子籠罩下，令人陷入不安與寂寞，這時火焰能熊熊燃燒，慷慨地將我的臉映照成溫暖的橙色。

在星光微弱，無限深邃的夜空籠罩下，拉近跟火焰之間的距離。

所以我一直都可以獲得火焰的幫助，拉近跟火焰之間的距離。

因為持續不斷地練習，我漸漸地掌握到要領。

所謂生火，就是運用太古流傳下來的技術，

解放穿越宇宙，歷經數十億年累積在地球的太陽能，
喚醒植物中所蘊含太陽的能量。

奇蹟就在你的手中發生。

生火是人類為了讓這個世界進步而邁出的「第一步」。

懂得用火就像一段旅程，從中認識讓地球持續運作的熱能魔法。

當你能夠順利地生火，

在你心底也會燃起勇氣的光芒，這樣即使沒有木棒或木板，
仍將照亮你對生命的態度，彷彿永不消滅的火炬之光。

來吧，出門旅行的時刻到了，
帶著火焰的光輝，出發囉！

Tender 先生

努力思考怎樣才能不讓人類破壞地球，多方涉獵學習，從一萬年前流傳下來的印第安人生活技術，到高科技的3D列印技術都試著實際運用。現在利用鹿兒島縣的廢校計畫，創立名叫動力實驗的市民工房。

39

WORK SHEET

匯集涓滴細流

確保天然水的運用，不依賴自來水

水究竟從哪裡來？

型態持續不斷變化的水

「水」對於人類，是生存不可或缺的資源。水會從「海」面蒸發，或是從森林蒸散形成「雲」，然後將降「雨」。雨滲入土壤後形成地下水，從河川流入海洋，蒸發後又再度化為雨，反覆地轉換型態。自來水可以將河川或地下水的水運送到我們家。其實仔細想想，無論是覆蓋地球的海、植物或是在我們體內循環的水分，其實都來自於空中的降雨。

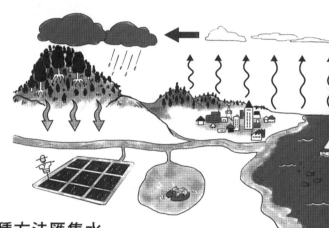

透過各種方法匯集水

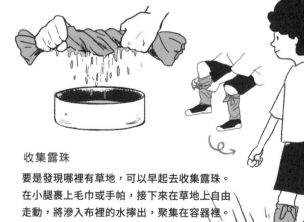

藉由植物收集水

將附帶很多葉片的樹枝裝進塑膠袋中，把袋口封起來，擺在有陽光照射的地方，從葉片蒸散的水將累積在袋底。

⬤ 這種作用稱為「蒸散」。

收集露珠

要是發現哪裡有草地，可以早起去收集露珠。在小腿裹上毛巾或手帕，接下來在草地上自由走動，將滲入布裡的水擰出，聚集在容器裡。一個小時大約可以收集一公升的水。

試著飲用河川的水

必要的物品

水桶

美工刀

活性碳

紗布或布

沙子

小石頭

紙杯

寶特瓶

飲用水最重要的
就是要先煮沸！
詳細的過程
請自己觀察吧。

來嘗試看看

1 用水桶取汲河川的水
稍微靜置一段時間，讓沙
子與雜物沉澱在底部。

2 過濾
依照右圖的順序，在寶特
瓶內裝滿小石頭與砂礫。
從上方倒入河川的水，重
覆過濾三次以上。

3 煮沸
將過濾後的水舀進紙杯，
放在火上加熱十分鐘，煮
沸殺菌。

過濾…將沙子或小蟲等雜
質除去。

煮沸…讓水沸騰，藉由
高溫殺死水中的細菌。

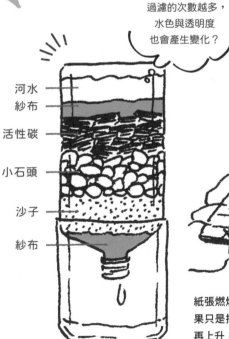

河水
紗布
活性碳
小石頭
沙子
紗布

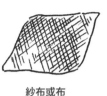

過濾的次數越多，
水色與透明度
也會產生變化？

為什麼紙杯
不會燃燒？

紙張燃燒的溫度大約在攝氏三百度左右。如
果只是把水煮沸，達到一百度後溫度就不會
再上升，所以紙杯有盛水的部分不會燃燒。

電力與能源

電力的形成與自力發電

家裡的照明燈具、電視機、冰箱以及冷氣，這些我們每天慣用的設備全部都需要「電力」運作。電力是由各種能源轉換而來，幾乎都是發電廠藉由煤炭以及天然氣等燃料大量產生。有了電力之後，人類的生活乍看似乎變得

更方便，但是相對地我們將耗盡地球有限的資源，持續造成破壞。在我們周遭到處都有地球蘊含的無限能量，如果也運用這些能量形成電力，自力發電會更有趣喲。

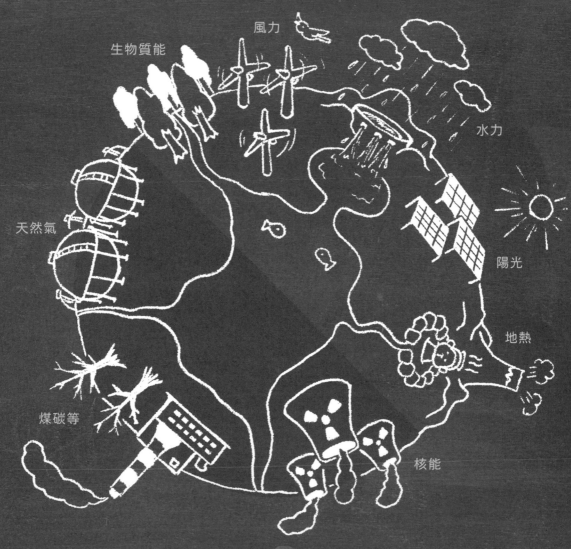

生物質能

風力

水力

天然氣

陽光

地熱

煤碳等

核能

自力發電！

你知道自己在日常生活中會消耗多少電嗎？首先來查查看自己需要的電量吧。你需要的電量是幾瓦？

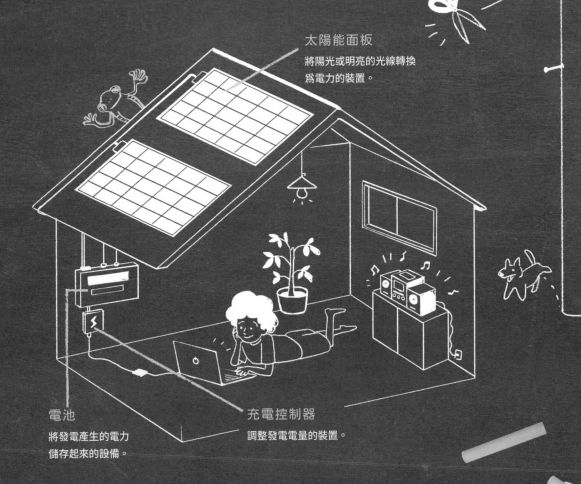

太陽能面板
將陽光或明亮的光線轉換為電力的裝置。

電池
將發電產生的電力儲存起來的設備。

充電控制器
調整發電電量的裝置。

什麼是自力發電 off-grid？

所謂的off-grid就是不與主電網相連，使用自家發電的電力。通常是在家裡的屋頂裝上太陽能面板等裝置，將太陽能轉換為電力。因為不向電力公司購買電，所以不必付電費。在還沒有電力的江戶時代，人們配合日照的時段起居作息，攝取由日光栽培的農作物。自古以來，太陽始終都是生活中的能量來源。

想知道更多關於能源的訊息，請參考

P126-127
「各種天然能源」

造土窯

把土壤變成烹飪工具

利用土壤、沙子與稻稈，把「地球」的一部分當成烤爐，
向大自然借來的素材，使用後依然可以回歸大地。
從古到今，世界各地的人都懂得利用土窯，它是重要的烹飪工具。
你要不要試試看，用土窯烤出最好吃的披薩？

先從小型的土窯
開始嘗試也沒問題！
你也可以試著
自己設計看看

| 黏土質的土 | 稻稈 | 沙子 | 墊底的磚塊 |

來嘗試看看

揉土黏在表面上，
等待風乾！
可以先查過再試作。

1 打造土窯的內部

用磚塊排出土窯的底座。混合土與沙在上方堆成小山。為了方便稍後挖出，先黏上報紙。

2 製作第一層

在小山的外側覆蓋黏土狀的土層。避免日光直射，保持乾燥。

3 製作第二層

混合土與稻稈，製作土窯的外層。靜置一到兩個月，避免被雨打濕，慢慢地等待乾燥。

4 成型

將土窯內部的沙土挖出來。調整土窯表面與開口的部分，然後就完成了！

來自索耶隊長的
挑戰任務

描繪祕密基地的設計圖

只要內心覺得躍躍欲試，什麼都能製作出來！

WORK SHEET

必要的物品	來嘗試看看	特別約定
只有這裡的大樹。除此之外還需要別的物品嗎？	①描繪屬於你的祕密基地設計圖。 ②為小鳥製作祕密基地。 ③在地底為螞蟻挖掘祕密基地。	不要讓大人看到這一頁。 因為跟祕密基地有關。

創造文化
cultivate culture

什麼是文化？

烹調食物、穿著打扮，
或是建造住宅。
描繪圖畫、唱歌跳舞，
在世界各國通行的不同語言。

這些全都屬於「文化」的一種。

文化誕生於由許多人共同進行某件事。

現在受到大家公認的文化，

起初一定也是由某個人為了讓生活變得更愉快，忽然靈光一現想出來的，

後來在世界上普及，漸漸地成為理所當然的事物。

所以，你跟朋友一起發明的遊戲，

也是一種專屬於你們的很棒的文化喔。

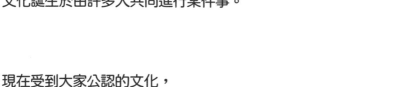

在日常生活中，你所創造的文化

將會有各種各樣的人接觸，說不定有人會因此而覺得幸福，

甚至得到幫助。

讓我們大家一起創造「幸福的文化」吧。

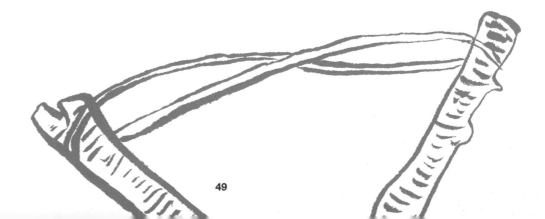

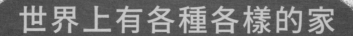

世界上有各種各樣的家

有些國家整年燠熱，有些國家覆蓋在雪中，也有國家是四面環海。為了順應每個地方的氣候與生活型態，建造出來的家屋也各不相同。

挪威
屋頂佈滿花草的家

在夏季炎熱、冬季寒冷的挪威，以原木構築的住家屋頂上種植著花草與小樹。夏季時屋頂的植物有散熱作用，可以讓室內降溫，冬季時可以發揮隔熱效果，讓屋內變得更溫暖。而且這樣的環境可以讓昆蟲與小動物棲息，彷彿另一種庭園。

祕魯
湖間小島上的家

位於祕魯的的喀喀湖的烏羅斯浮島，是烏魯族人用類似稻稈的「托托拉葦草」構築而成。這種蘆葦莎草可以作為住家或船隻的材料、肥料或火種，甚至能當作食材。當地人結婚、家裡的成員增加後，可以用托托拉葦草擴建島嶼，自由地改變島嶼面積。

日本
稻稈屋頂的家屋

在盛行養蠶的日本北陸聚落，為了讓室內空間
保持通風良好，當地人建造了有著巨大屋頂的
房屋，稱為「合掌造」。由於屋頂有一定的斜
度，即使積雪也會自然滑落，排水效果也很
好。用久了以後淘汰的屋頂材料可以做為肥
料，栽培出健康的蔬菜。

澳洲
黃腹花蜜鳥的家

為了保護鳥蛋與雛鳥，不受猴子、蛇等天敵
侵犯，黃腹花蜜鳥選擇在不容易接近的枝頭
築巢。牠們以蜘蛛絲為黏著劑，讓枯草、絨
毛、草根、羽毛等
素材交織在一起，
堆疊成形。為了不
讓雨水打進鳥巢，
門口有設遮雨簷。

加拿大北部
用雪堆砌的家

「因紐特人」生活在終年由雪與冰覆蓋的
北極海沿岸地區，當他們在獵海豹的季
節，會住在用雪堆砌而成的「雪屋」。為
了不讓冷風直接灌入屋內，因紐特人會
改變地板的高度，並且在內側的地板鋪
上海豹皮，抵禦寒冷。

什麼是邊緣？

在邊緣玩耍

edge

有趣的事物都在邊緣

Edges are Exciting

你聽過「邊緣」這個詞嗎？

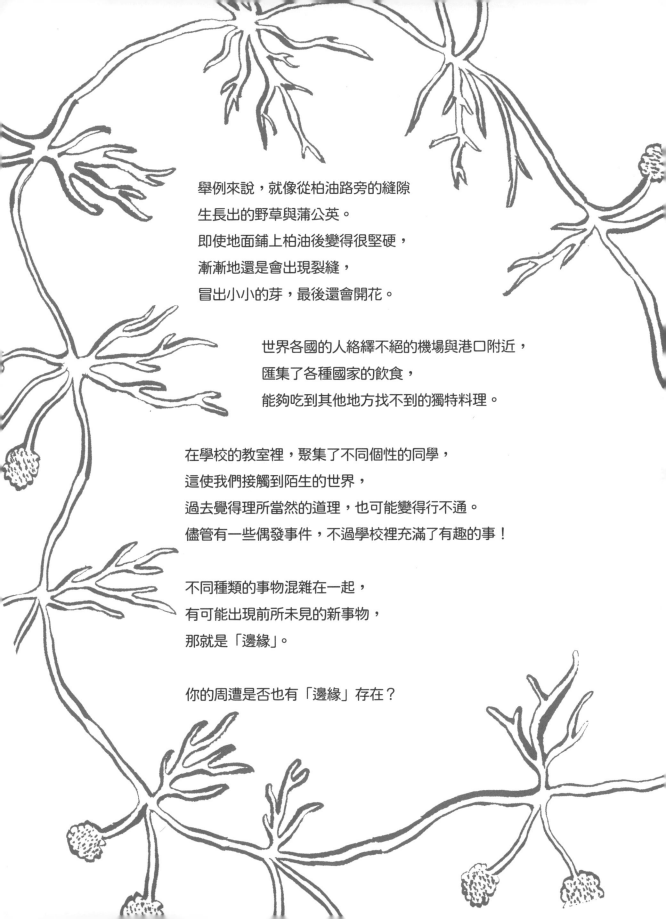

舉例來說，就像從柏油路旁的縫隙
生長出的野草與蒲公英。
即使地面鋪上柏油後變得很堅硬，
漸漸地還是會出現裂縫，
冒出小小的芽，最後還會開花。

世界各國的人絡繹不絕的機場與港口附近，
匯集了各種國家的飲食，
能夠吃到其他地方找不到的獨特料理。

在學校的教室裡，聚集了不同個性的同學，
這使我們接觸到陌生的世界，
過去覺得理所當然的道理，也可能變得行不通。
儘管有一些偶發事件，不過學校裡充滿了有趣的事！

不同種類的事物混雜在一起，
有可能出現前所未見的新事物，
那就是「邊緣」。

你的周遭是否也有「邊緣」存在？

來冒險吧！

Time for Adventure!

聽到別人說不可以做什麼，
好像就會莫名地更想嘗試。
或許那是因為
你察覺到
其中隱藏著
自己覺得陌生的世界。

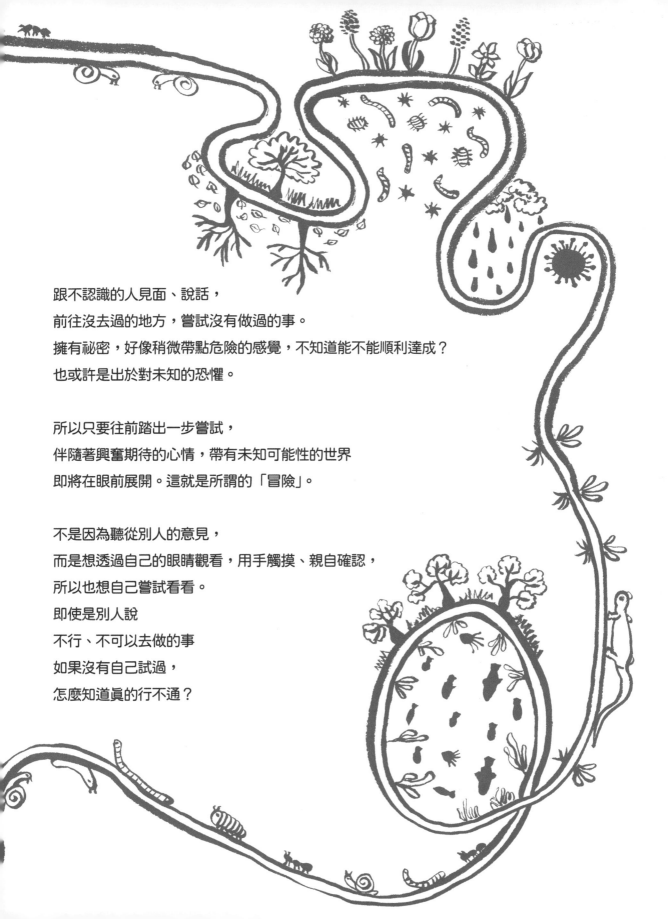

跟不認識的人見面、說話，
前往沒去過的地方，嘗試沒有做過的事。
擁有祕密，好像稍微帶點危險的感覺，不知道能不能順利達成？
也或許是出於對未知的恐懼。

所以只要往前踏出一步嘗試，
伴隨著興奮期待的心情，帶有未知可能性的世界
即將在眼前展開。這就是所謂的「冒險」。

不是因為聽從別人的意見，
而是想透過自己的眼睛觀看，用手觸摸、親自確認，
所以也想自己嘗試看看。
即使是別人說
不行、不可以去做的事
如果沒有自己試過，
怎麼知道真的行不通？

WORK SHEET

像游擊隊一樣
自由播種！

各種場所都可以當作我們的花園

必要的物品

手（或是鏟子）

植物的種子、幼苗、
扦插用的枝條

什麼是扦插？

 重點　如果擅自播種，發芽後可能會讓人大吃一驚！
（所以先不要講出來。不過如果真的找到公共空間，播種也沒問題，因為其他動物也會這麼作。）

來嘗試看看！

1 … 儘量不花錢，自己播種或栽培幼苗

2 … 尋找種植的地點，譬如閒置的空地或是停車場、道路的凹陷處、
　　　有土壤的地方

3 … 挖洞播下種子或幼苗

4 … 作記號以免忘記

5 … 持續觀察一陣子，看種子發芽了沒、有沒有長出根來

在路旁
有沒有地方
可以變成田呢!?

找到種子、幼苗

從水果或是生長在戶外的
植物找到種子

拜託附近有種植物的鄰居
分一點種子或幼苗

在園藝店、
超級市場購買

要種植在哪裡？

沒人整理的路旁花圃

無人照料的花盆

閒置的空地

試著種種看

用鏟子挖洞，種植幼苗
從上方輕輕地覆蓋土

邊玩「鬼抓人」邊灑種子

邊走邊隨意播種

WORK SHEET

1 在空地播種

在附近的空地，或是公園裡植物比較少的地方灑種子看看

難易度
☆ ☆ ★ ☆ ☆

讓空地也有
花開吧♪

楓樹
藉由翅膀飛翔
種子是會旋轉的螺旋型

紫花丁地
種子會彈開來
屬於氣勢驚人的爆發型

橡實
由動物搬運
一不小心就被吃掉的可口型

蒲公英
會隨風飛行
帶有絨毛的降落傘型

從外觀就可以看出來，種子散布的方式！
無法靠自己移動的種子，
爲了飛到遙遠的地方，下了許多功夫。

2 在花壇種植花卉

在步道的植栽旁，或是路旁的花壇種植花苗

難易度
☆ ★ ★ ★ ☆

要是怕忘了自己種在哪裡……
可以在小石頭上畫出植物的圖樣，悄悄地放在那裏

3　與同伴在社區尋找適合種植的場所，試著播種與種花

跟朋友一起決定隊伍的名稱，出門展開探險，在附近尋找適合播種的地方
你們也可以製作自己專屬的地圖

萬一大人生氣了……
請試著誠懇地表達你們的想法
說不定這些大人也會
一起加入種植物的行列

難易度
☆★★★★

什麼是「游擊隊園藝」
(Guerrilla gardening)

在公共場所擅自種下植物，為環境增添綠意！ 這是一種起源於英國的公益活動。雖然在都會裡能自由使用的土地很少，但是像路旁或空地等可以靈活運用的地方還很多。如果在這些地方種更多植物，除了可以美化街景，還可以讓一些生物棲息。「游擊隊園藝」最重要的意義，應該是讓自己居住的環境變得更有趣。我們可以從自己開始。這說不定會讓你交到一些新朋友！

想瞭解如何栽培植物，
可以參考

P16 ～ 17
「找出最要好的
植物搭檔！」的內容

STORY

城市再造的故事

集合囉！令人興奮期待的街道

嗨！
我是馬克。
大家待在什麼樣的地方
覺得最開心？
那樣的地方有什麼特色？
如果有各種各樣的人聚集的空間，
與專屬於自己的空間
夾雜在一起，
會發生什麼樣的事？

我曾經拜訪過義大利的廣場，
與原住民的聖地，
觀察人們聚集在什麼樣的地
方最開心。

試著告訴朋友、
附近的鄰居，
還有不認識的人。

對了！！
我也可以在自己家的院子
建立像這樣的場所！

へぇー

動物跟馬
也來了……

運用森林裡的木頭與廢棄物
作為素材，一起打造祕密基
地咖啡座，每週為大家提供
茶飲。

62

雖然我們都知道，在國有土地不可以擅自擺放東西、加以改變，不過其實那也是大家的空間。有某個社區的居民，為了讓自己的居住環境變得更有趣，在路旁建立祕密基地，作出形狀獨特的長椅，打造出可以讓人們自由聚集的場所。

表達想法！
讓大家都成為夥伴

一雖然這些構想一度遭到公部門阻止，但是當地居民並沒有放棄，繼續推動下去。而且他們不把公家機關視為「阻礙」，相信總有一天會讓對方變成「夥伴」，持續遊說。最後終於獲得認可，爭取到屬於大家的空間。

STORY

自己居住的環境，由自己打造！

這是由馬克與社區居民建立的「大家的廣場」。在十字路口地面上有大幅彩繪，路旁設有小木箱，作爲街角的小小圖書館，每個人都可以自由地從這裡借書。大人與小孩可以一起提出構想，由大家一起共同打造街景。

1 蜂巢造形的文宣品索取處
擺放印有當地最新消息的報紙。

2 社區留言板以及免費圖書館
可以在黑板上留言，
張貼社區的活動訊息。

3 屬於小朋友的祕密基地
由孩子們建立的遊樂場，
歡迎大家來玩，
這裡有很多玩具。

4 頂端種滿植物的木條架與
奉茶亭
這裡擺著裝有熱茶的保溫瓶與杯子，
提供路人自由取用。

5 參差不齊的長椅
用土堆砌的長椅，
附近的居民會很熱絡地在這裡聊天！

果樹

大家一起來
烤披薩！

PIN RIDGE

青蛙造型
的窯爐

來跟人魚
一起拍照吧

附人魚裝飾的長椅

小型的
街角圖書館

十字路口

所謂的「設計」，
都在做些什麼？

設計

design

什麼是
設計？
what is Design?

我們來仔細地觀察葉子。

從一條粗葉脈，伸展出許多細葉脈，分布整片葉子，

這跟我們體內的血管有些相似，

與樹根、河川的型態也很像。

為了將許多能量迅速、廣泛地送到每個角落，

經歷了許多時間，形成大自然的設計。

所謂的設計，就是為了讓某樣東西「變得更好、處於更佳的狀態」

而精心安排。

人類的身體、大自然、世界上的東西，全部都經過設計。

不只是物體，空間或人與人之間的關係也可以花心思改善。

為了讓作菜更方便，把冰箱擺在靠近廚房的位置，

這就是生活的設計。

光是打招呼，

就可以拉近彼此的距離，變得更容易交談，

這是人際關係的安排。

請試著觀察你周遭的事物，

其中一定蘊含著各種設計。

只要觀察
就能看見
observe to see

在自然界中，存在著各種樣式。
葉子與河川呈現出「枝流的圖樣」，
颱風或洗手間的流水則是「漩渦的圖樣」
大自然所創造的樣式，存在著各種各樣的理由與功能。

從鍋子裡冒出的蒸氣，
為什麼跟天上的浮雲有些相似？
還有在冬天運動，身體裡散發的熱氣也有點像。

不只是大自然，人類的行動也存在著各種各樣的樣式。
譬如在冰淇淋店門外
聚集著滿心期待的人們，
在通勤時段的電車裡，擠滿了像僵屍般滿臉倦容的乘客。

明明這兩者
都聚集了很多人，
為什麼在冰淇淋店外，
大家的表情看起來都很愉快？

只要心裡想著「為什麼？」抱持疑問觀察，
一定會找到答案。

尋找自然界的圖樣

這個世界經過精心設計

在自然界裡，雖然沒有完全相同的東西存在，其實仍隱藏著各種各樣的圖樣。那是大自然經過長時間建立的法則，譬如貝殼的螺旋型、葉片上分歧的葉脈，其中都有構成這種形式的原因。在你周遭可以找到多少種這樣的圖樣呢？

分枝 / branching

從一個主軸分歧出多條支線

波浪 / wave

在一定的間隔內，反覆出現同樣的弧度

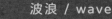

血管　　　　　　　　葉脈　　　　　　　　　　　沙漠的表面　　　　　　　水面的波紋

為什麼某個物體
是這樣的形狀?

不論身體裡的 DNA 細胞,
或是宇宙間的星雲,
都是螺旋型。
儘管它們的規模差異極大,
為什麼它們的形狀相同呢?

螺旋 / spiral

不分部分大小,
都反覆著同樣的形式,構成螺旋。

碎形 / fractal

每一個部分
都跟整體是同樣的形狀。

蝸牛殼

颱風

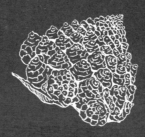

羅馬花椰菜

雪花結晶

從失敗中學習

Problem is the solution

某位大叔的田裡來了許多蛞蝓，把他辛苦種的蔬菜都吃掉了。

大叔為此感到很困擾，附近的人告訴他說：

「你的田最大的問題不是蛞蝓，而是少了鴨子。」

「鴨子？」

仔細想想，蛞蝓是鴨子最愛吃的東西。

沒錯！只要鴨子把蛞蝓吃掉了，就可以保護田裡的蔬菜，

而且鴨子每天都會下蛋，這樣還可以為自己增添食物。

大叔察覺到這一點，雖然原先為蛞蝓感到很頭痛，

但是只要稍微下點功夫就能守護菜園，而且還能獲得額外的鴨蛋。

這真是太棒了。

雖然人們遇到問題都會感到「苦惱」、「憂愁」，

但是其中說不定也蘊含著重要的可能性。

如果大家一起試著「找出解決的對策」，

不是也很有趣嗎？

人人都可以成為設計師

Everyone Designs

就像我們每天穿著的服裝搭配、對於一天時間的安排，
選擇某些要素之後重新組合，這也是一種設計。
你可以規劃自己每天的生活。換句話說，你就是自己的設計師。

好的設計是發揮彼此的優點，漸漸地達到加分的作用。
首先可以試著思考你跟家人、朋友之間的關係。
怎樣才能引導出大家最好的一面，讓彼此幸福愉快地生活？
這正好可以考驗你在設計方面的才能，試試看吧！

成為自己的設計師，也就是把自己的人生當成作品，
找出屬於自己的答案。即使失敗也不要灰心，因為在失敗中暗藏著許多啟示。
你不妨經歷各種嘗試，妥善規劃自己的人生與行動吧。

WORK SHEET

製作生物棲息地的地圖

描繪生物分佈的地圖（藏寶圖）

為什麼生物會棲息在這樣的地方？那是什麼樣的場所？
生物會聚集在一個地方，一定有原因。
只要知道自己所居住的地域的生物種類與特徵，
就會得到許多啟發，知道如何跟多種生物一起共存！

來嘗試看看

可以跟幾位朋友交換
生物棲息地的地圖。
大家的發現
好像不太一樣？

1 ⋯ 描繪自家附近的地圖。

2 ⋯ 將邊走邊看到的發現標示
在地圖上。

3 ⋯ 為什麼這裡有生物棲息？
仔細想想請試著找出答案。

就像在尋寶一樣！

地球就像共居公寓

地球是個大型的家。不論是象、青鱗魚、向日
葵、番茄，或是眼睛看不到的微生物，都是共
居的室友。據說人類的身體裡有超過100兆以
上的細菌生長。各種生物之間其實存在著微妙
的關聯。

生物分布在那些地方？

1 蕈類生長的地方

蕈類不是植物，而是眞菌。我們所看到的蕈傘是身體的一部分。在土壤中由稱爲菌絲的細胞生長擴張，其實整朵蕈是一個巨大的生命體。

為什麼它會生長在這樣的地方？

為什麼會有蕈傘出現？

2 蝴蝶飛舞的地方

據說蝴蝶會在固定的道路（蝶道）飛舞。由於光線與濕度、路旁分布著蝴蝶喜歡的植物種類、蝴蝶品種的差異，這些道路有著不同面貌。

它們喜歡哪一種花？

蝴蝶如何分辨花的種類？

3 會讓人們覺得愉快，或是心情低落的地方。

這裡為什麼會有這麼多人？

如果想打造出讓人們覺得舒適自在的街道，

參考 P62 ～ 65「城市再造的故事」

79

如果不花錢，
也可以過日子嗎？

相互給与

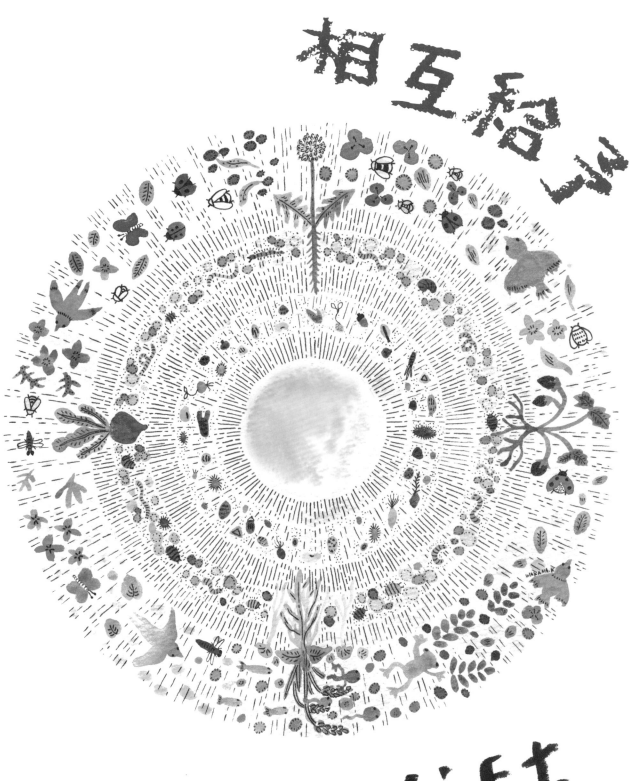

gift

金錢是什麼？

what is money?

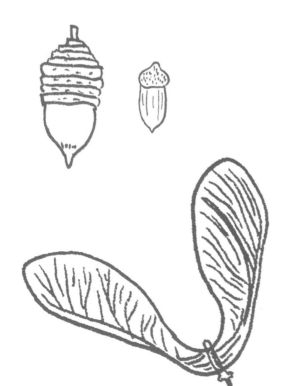

在大人的世界裡，

為了生存絕對不能沒有錢！

看起來似乎如此，但是在地球上生存的生物中，

需要運用金錢的只有人類。

除了人類以外，其他的生物每天都不需要花錢。

為什麼它們可以辦得到呢？

最早人類也一直過著不必花錢的生活，

但是自從貨幣偶然間發明之後，

人們覺得很方便，就持續使用下來。

所以我要問你們！

人類真的沒有錢就不能活嗎？

譬如陽光，森林與海洋浮游生物所製造的氧氣，

從天而降的雨水，

從土地生長的美味食物，悅耳的鳥鳴聲⋯⋯

這些又如何呢？

我們為了生存真正需要的事物，

還是以金錢無法換取的居多吧。

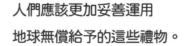
人們應該更加妥善運用
地球無償給予的這些禮物。

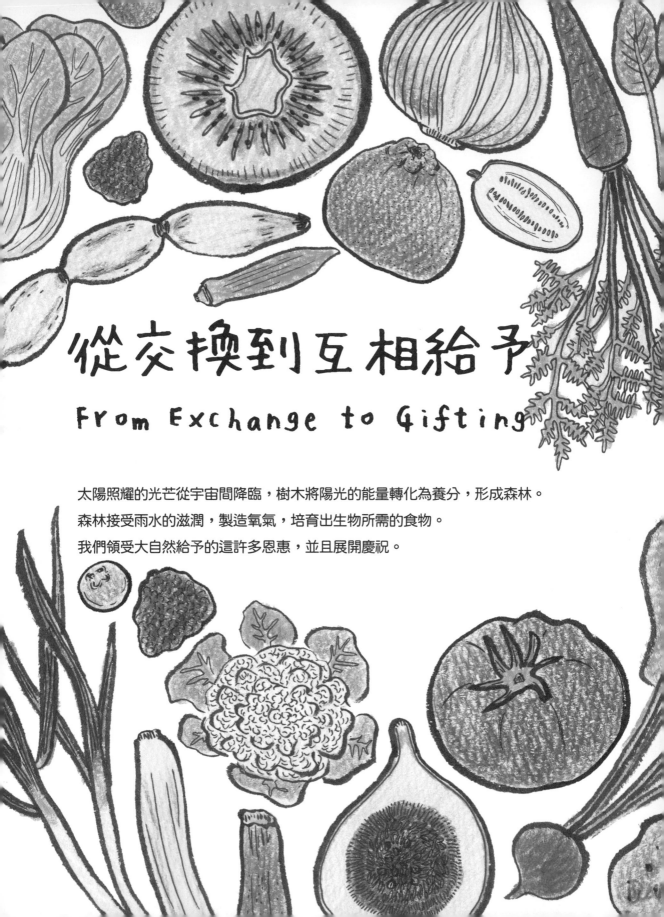

從交換到互相給予
From Exchange to Gifting

太陽照耀的光芒從宇宙間降臨，樹木將陽光的能量轉化為養分，形成森林。

森林接受雨水的滋潤，製造氧氣，培育出生物所需的食物。

我們領受大自然給予的這許多恩惠，並且展開慶祝。

使自己成為自然的一部分，也就是讓其他人更幸福，
讓喜悅的連鎖反應出現在四處，使世界變得更豐富。
想要讓不需要錢的自然世界成立，最重要的就是「相互給予」，
也就是跟互相競爭、掠奪完全相反。

而通往「相互給予」的世界，就從「感謝」開始。
由於蒙受各種各樣的恩惠，所以自己能夠活著。
我們沐浴在彷彿理所當然的陽光下、自然而然地呼吸，
其實是非常不可思議、相當寶貴的奇蹟。

感謝的魔法

養成感謝的習慣

感謝親切的家人、一直陪你玩的朋友。
在這個世界上,沒有什麼事是理所當然的。
你有沒有好好珍惜身邊的人呢?

"The Sun Never Says"

太陽從來不曾說

在漫長的歲月中,太陽持續為地球照耀光芒,
但是它從來不會說「這都是我的功勞」。

如果有這樣寬闊的胸襟與大愛會如何呢?
你看,太陽照亮了整片無垠的天空。

摘錄自哈菲茲詩集《禮物》　　　日文版翻譯:小野寺愛

感謝日記

試著連續二十一天，每天記下讓自己「心存感激」的事。在持續二十一天後，你將會常懷感謝心。
也別忘了要「謝謝自己」喲。

DAY 0　吃到好吃的飯，覺得很感恩。

DAY 1

DAY 2

DAY 3

DAY 4

DAY 5

DAY 6

DAY 7

DAY 8

DAY 9

DAY 10

DAY 11

DAY 12

DAY 13

DAY 14

DAY 15

DAY 16

DAY 17

DAY 18

DAY 19

DAY 20

DAY 21

來自
索那隊長的
挑戰任務

WORK SHEET

親切的惡作劇

試著用善意改變世界

最近，我散步
經過附近的田圃……

有位不認識的人告訴我「今天是我的生日。我收到很多禮物，真的很開心，所以也想送東西給你。請收下吧」，他把自己種的蔬菜分給我，而且還附帶「微笑卡片」！雖然我有點嚇一跳，不過還是很開心。我也想像這樣對別人表示友善。

什麼是「微笑卡片」？

當陌生人對你很親切，作出讓你高興的事，你有什麼樣的感覺呢？「微笑卡片」就是將自己得到的善意，傳達給下一個人的卡片。即使是很微小的事也沒關係。你要不要試試看，對別人偷偷展開「親切的惡作劇」？傳達善意的發起人就是你！

1 … 悄悄地對某個人表現友善，並且在旁邊放置「微笑卡片」。

2 … 收到的人也必須對另一個人默默表達善意，也留下「微笑卡片」作爲回禮。

3 … 由你起頭，令人愉快的故事將漸漸擴散開來。

4 … 微小的善意將互相連結，越來越多人會爲別人設想。

嘗試製作你個人的微笑卡片

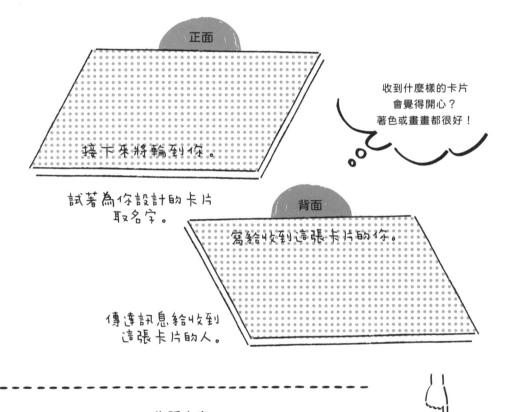

正面

接下來將輪到你。

收到什麼樣的卡片
會覺得開心？
著色或畫畫都很好！

試著為你設計的卡片
取名字。

背面

寫給收到這張卡片的你。

傳達訊息給收到
這張卡片的人。

告訴大家，
你有哪些「親切的惡作劇」

你所嘗試的「親切的惡作劇」，或是你受到友善的對待，這些事說不定也會讓
別人感到幸福。你所帶來的小小變化，或許將成爲改變世界的契機。所以可不
可以透露詳細的內容呢？讓更多人知道你親切的一面、需要勇氣的舉動吧！

有些書裡可能夾著一張
「讀者回函」，
把你的想法寫下來
寄出去吧。

不依賴錢
的生活
Living without money

雖然「用錢換取」自來水與電力似乎是理所當然的事．
但其實只要匯集雨水，就可以取代自來水，
如果利用晴天的陽光，藉著太陽能烹調設備就能作菜。
那為什麼一定要花錢買自來水與電力呢？

隨時都能利用自來水與電力，的確很方便，
但是你不必為了這點好處，就非得出賣自己的時間去工作。
相形之下，如果不花錢，尋找蒐集地球無償提供的資源，
進行各種各樣的探險，會不會更令人興奮期待呢？

金錢具有一定的力量，
使用時似乎很方便。

可是，有很多人為了賺錢
陷入繁忙過於勞累，
或是為了缺錢而苦惱。

即使沒有錢，
只要運用身邊的資源，
趁著餘暇時稍微花點心思，
就可以過得很充裕。
擁有這樣的能力，不是也很重要嗎？

匯集大家的才能

只要集合大家的強項，什麼事都能辦得到！

在你心底所嚮往的事、想要實現的願望，說不定在你周遭的某個人有能力達成。同樣地，說不定別人期望的目標，正好是你會的。譬如你會彈樂器，某位會畫畫的朋友就幫你畫演奏會的海報。擅長跳舞的朋友來，正好可以炒熱氣氛！錢會越用越少，但是「才能」怎麼運用都不會消失，那是很棒的資產。你可以在這一頁寫下周遭的人「想作的事」與「能作的事」，試著匯集大家的長才！

想作的事

我希望自己會跳舞

想要變得很會畫畫

不只是物品，
如果你可以跟其他人
分享自己的想法與心情，
那真的很好呢！

找出隱藏的資源與才能！
「社區資產地圖」

將自己所居住的社區（community）的特徵，當作一種資源
（asset），透過地圖或插圖、圖表等轉換為可見形式
（mapping）的方法。藉由畫出社區居民各自擅長的領域、形
成的網路、設施與團體、自然環境等全貌，可以將社區的力量發
揮到最大的可能。

能作的事

舉辦
鋼琴演奏會

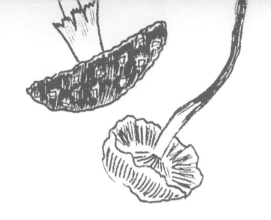

你的情緒是怎樣形成的？

靜止

STOP

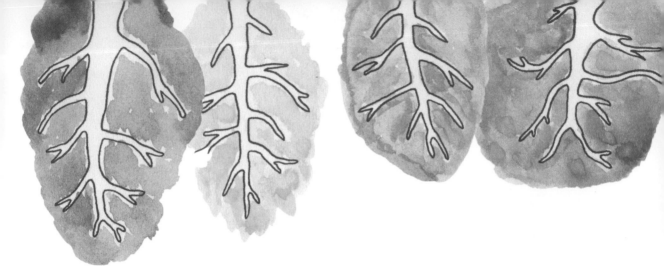

停下來感受
Stop and Feel

會呼吸證明了我們還活著。
森林與海洋中的生物所製造的氧氣，
在我們的體內循環、排出，
接下來又成為其他生物的養分。
我們生活在這種生命的循環中，

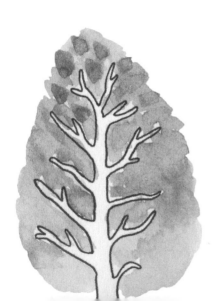

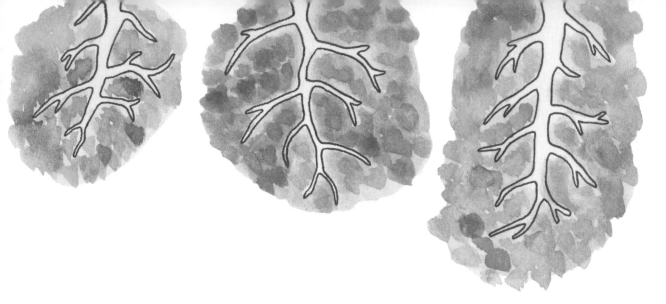

如果能稍微花點時間，靜靜地感受呼吸，
或許我們的心靈也會更為平靜，就像樹木紮下深根。

你的心也是如此。
當你開心、悲傷、生氣、緊張，
內在經歷各種各樣的情緒，
不要去判斷它們是好是壞，
只要感受「那是我現在的心情」就可以了。

憤怒或悲傷未必是壞事，
因為那只傳達出一個訊息：
其中蘊含著對你很重要的事。

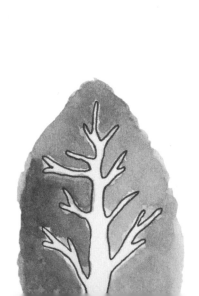

活在當下

Be Here Now

我們活在「現在」這一瞬間。

隨著年紀增長，很容易漸漸地失去這種意識，
沉浸在過去與未來，
對於眼前的世界視而不見。

所以請不要忘了活在此時此刻的感覺，
而且一直相信這種感受。

如果你的內心陷入忙亂，不妨試著暫時停下來。
不要焦急，把手放在胸前，緩緩地呼吸。
然後想起當下覺得最重要的事。

只有呼吸與微笑，不能夠遺忘。
呼吸也就是回到此時此刻而活。
微笑就像是在心靈的庭院種植花朵與美味的水果，
並且為它們澆水。

接下來你只要活著就夠了。為自己現在的生命慶祝吧！

深呼吸

這一頁，

是 為了 確定

你正在 呼吸。

那麼， 首先 試著用 鼻子 深呼吸。

沒問題吧？

由森林 或海洋製造的 空氣，

現在你所呼吸的 空氣， 從鼻孔

3
2
1

好的。

而這一頁，

送達身體，

是為了確定你「現在正活著」。

從某個國度吹來的風，充滿著你的身體，

吸入你體內的空氣溫度，

空氣裡好像有氣味跟味道？

跟你所呼出的空氣溫度，其實是不一樣的。

呼。

來吧，緩緩地從嘴巴吐氣。

經過喉嚨，

肺部充滿著吐氣呢。

心靈的運動

讓心回歸身體的冥想

就像「息」這個字由「自己的心」組成，呼吸也就是讓自己的心與身體合而為一。
為了讓心隨時都能回到「身體」這個家，好好練習專注於當下吧。

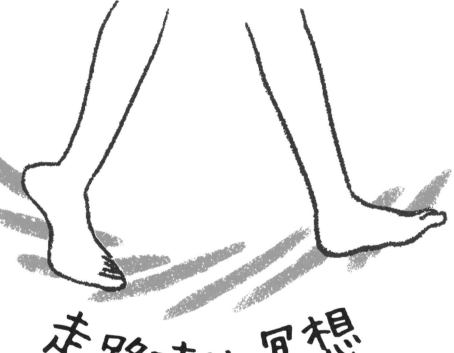

走路時的冥想

試著透過腳底感覺地球，彷彿在跟大地擊掌似的⋯⋯

一步，一步，慢慢地走。小石頭、地面的裂縫、溫暖的土壤、
柔軟的小草。用皮膚感受地球的溫度。

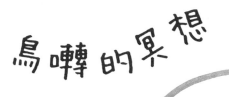

鳥囀的冥想

如果聽到鳥鳴聲，
可以試著停下腳步聆聽。
這就是冥想的開始。

冰淇淋的冥想

一口、一口細細地品嚐。
冰淇淋的甜味與冰涼的口感，
在你的嘴裡如何擴散開來？

什麼是覺察（mindfulness）？

將心靈與身體合而為一的冥想。由呼吸配合意識，
集中在某件事，讓自己專注在「此時此刻」。越南著
名的一行禪師教導大家，不僅在坐著的時候可以冥
想，也可以在用餐、唱歌時冥想，不論作什麼事，
都可以練習觀察自己內心的變化。

覺察的著色畫

試著在專心著色時，集中自己的注意力

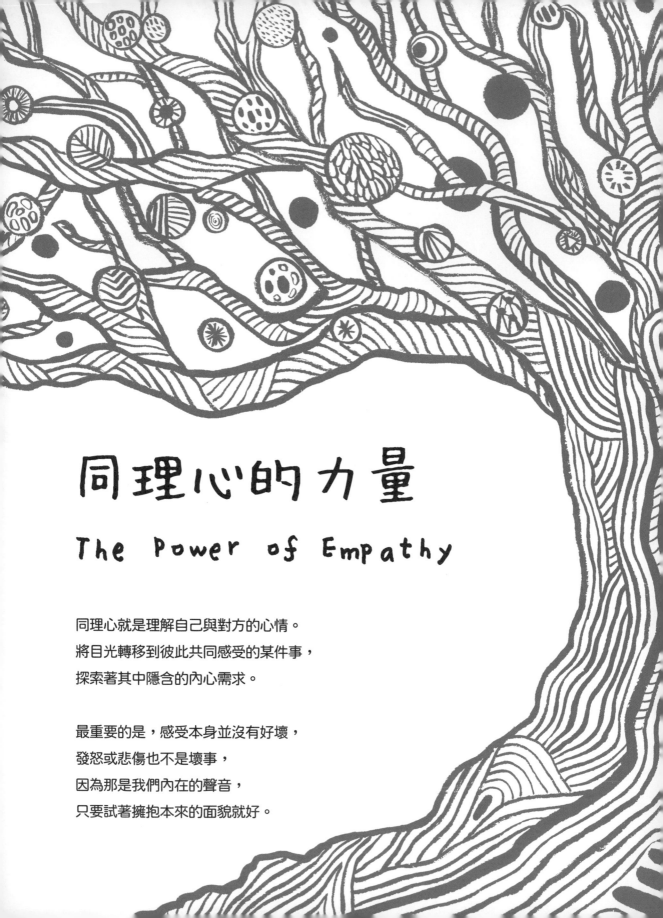

同理心的力量
The Power of Empathy

同理心就是理解自己與對方的心情。
將目光轉移到彼此共同感受的某件事,
探索著其中隱含的內心需求。

最重要的是,感受本身並沒有好壞,
發怒或悲傷也不是壞事,
因為那是我們內在的聲音,
只要試著擁抱本來的面貌就好。

如果對方心情愉快，那當然很好，
但是即使對方發怒，你也會一同感受
「好生氣」、「真令人難過」。接下來則是
對彼此「感受到什麼」抱持好奇心，
這麼一來不論面對什麼樣的感情，都會予以重視。

你應該跟朋友吵過架，或是惹家人生氣吧。
當時，你的朋友或是媽媽，
以什麼樣的心情，說出什麼樣的話？
在這些話背後，隱藏著什麼樣的心聲？
請試著好好地、慢慢地思索看看。

來自
索那隊長的
挑戰任務

WORK SHEET

透過生命的語言與人溝通

藉由同理心的溝通，聆聽對方的心聲

什麼是同理心的溝通？

「其實不想吵架，卻忍不住講出重話」、「很希望對方能理解，但人家就是聽不懂」。明明心存善意，卻表現得難以相處，其實是因為潛意識認定對方「不對」、「錯了」，或是自己也不明白內心深處的情感。這時首先要釐清自己的感覺，再試著體會對方的心情。如果瞭解真實的自我，誠心地表達，或許可以建立更和諧的關係。

試著自己
確認看看！

容易導致孤獨的思考模式	讓人緣更好的思考模式

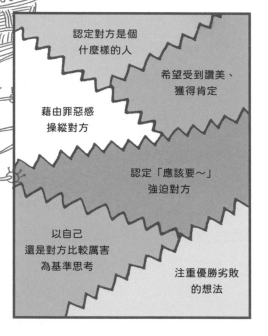

認定對方是個
什麼樣的人

希望受到讚美、
獲得肯定

藉由罪惡感
操縱對方

認定「應該要～」
強迫對方

以自己
還是對方比較厲害
為基準思考

注重優勝劣敗
的想法

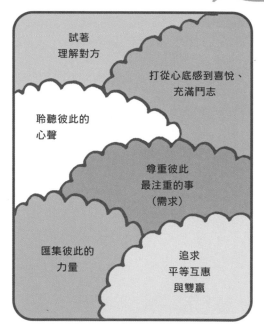

試著
理解對方

打從心底感到喜悅、
充滿鬥志

聆聽彼此的
心聲

尊重彼此
最注重的事
（需求）

匯集彼此的
力量

追求
平等互惠
與雙贏

參考資料：珍・莫里森（二〇一四年）《長頸鹿與獵豹的愉快溝通》後藤佑子譯，納迪亞有限公司出版部發行
同理心／非暴力溝通（NVC）：一九六〇年代心理學家馬歇爾・羅森堡（Marshall Bertram Rosenberg）所提出的溝通模式

利用卡片探索自己內心深處的需求

所謂感情，也就是內心深處的需求具體浮現。

不過，在我們心底還有許多自己未察覺的需求。需求卡是種遊戲，可以讓我們意識到
「當時其實我想這麼說、想要這麼做」，發現彼此的願望。

藉由「需求卡」瞭解內心的需求

1 … 把卡片排列出來，選出一位發言人，說出最近的煩惱等感受。

2 … (聽) 聆聽的人試著想像這個人的「需求」。

3 … (聽) 說完以後，聆聽的人選出代表這個人需求的卡片，
詢問「你是不是覺得這個很重要？」

4 … (說) 如果在剩下的卡片中，還有自己覺得符合的項目，也可以挑出來。

5 … (說) 從挑出的卡片中，選出自己認爲最重要的三張，慢慢地思考，這就是在跟自己的
心情產生共鳴。

聚集三到四人
一起玩！

※ 需求…
自己覺得
必要的事、
重視的事

休息
rest

樂趣
fun

被聆聽
to be heard

感謝
appreciation

受到重視
to matter

學習
learning

為別人
提供力量
contribution

安心·安全
security

自由
freedom

接受
與被接受
acceptance

平等
equality

也可以試著製作你自己覺得
「好像應該要有」
的需求卡。

※ 據說人類的需求
總共有一百種以上

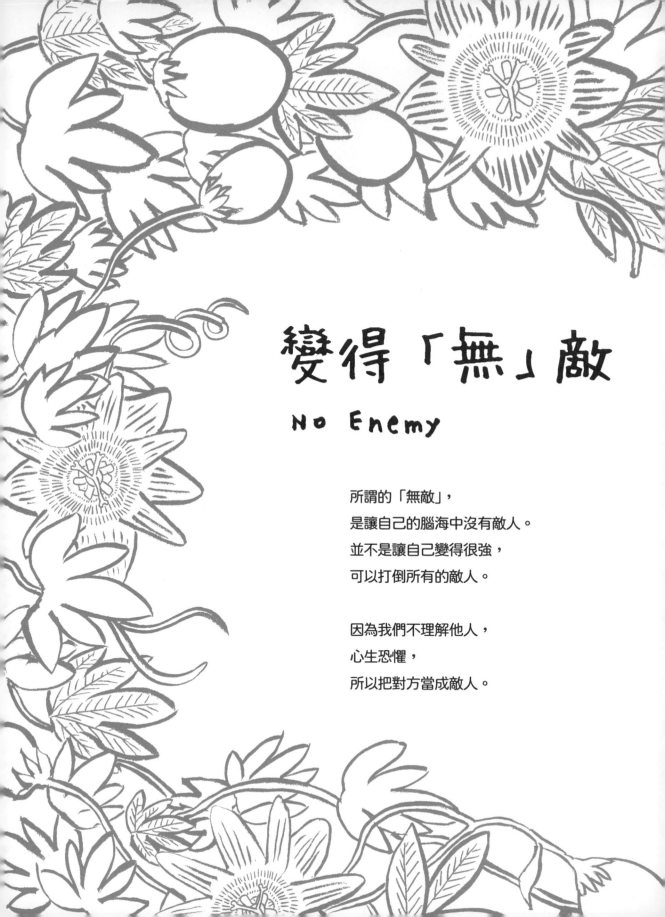

變得「無」敵

No Enemy

所謂的「無敵」，
是讓自己的腦海中沒有敵人。
並不是讓自己變得很強，
可以打倒所有的敵人。

因為我們不理解他人，
心生恐懼，
所以把對方當成敵人。

那些想法跟自己不同的人、外國人，
令自己感到不知所措的昆蟲、動物，
甚至連植物中的雜草通通都是敵人，
有時甚至會把它們趕盡殺絕。

這時，你可以暫時停下來，
試著感受對方的心情。
敵人只存在於你的想法中。

所以你只要理解「不論什麼樣的生命都很努力活著」，
察覺到這個道理之後，很自然地敵人將會消失，
人與人能夠彼此為對方設想、和平的世界將會實現。

為了讓世界變得「無」敵，
我們可以先從哪些事著手呢？

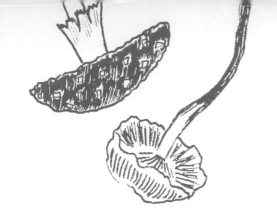

我們可以跟地球
一起和諧共存嗎？

考量到未來「七個世代」
Seven Generations

某位美國原住民曾經教導「七個世代」的觀念。
「不論作什麼事，要連曾曾曾曾曾孫那個時代的可能，一併列入考量。」

我們其實並不是從祖先「獲得」現在的地球，
而是向未來的孩子們「借來」的，
對於借來的東西，應該要以更好的狀態償還。

所以你現在播下的種子，總有一天會長成大樹，
結出美味的果實，即使我們自己還沒有機會嚐到，
但是卻能讓未來的孩子生活更豐饒。
就像這樣，不只是為了自己，也為了現在與未來的所有生命，
試著去思考能作什麼，一定會讓這個世界變得更美好。

重拾 傳統
Remembering Tradition

所謂的傳統
就是將過往的人們
與我們聯繫在一起的事物。

每個時代都會創造出
生活的智慧與技藝，
由前人流傳至今，
活在現代的我們，
仍然可以在生活中持續活用。

像是用自家栽種的黃豆與梅子，
親手製作味噌與梅干，
或是建造適合日本風土的房屋，
還有在地方流傳已久的慶典。
根據月亮盈虧制訂的曆法，
配合了日本的自然風土變遷，
所以可以告訴我們
在不同月份適合播種、插秧
以及收成的時機。

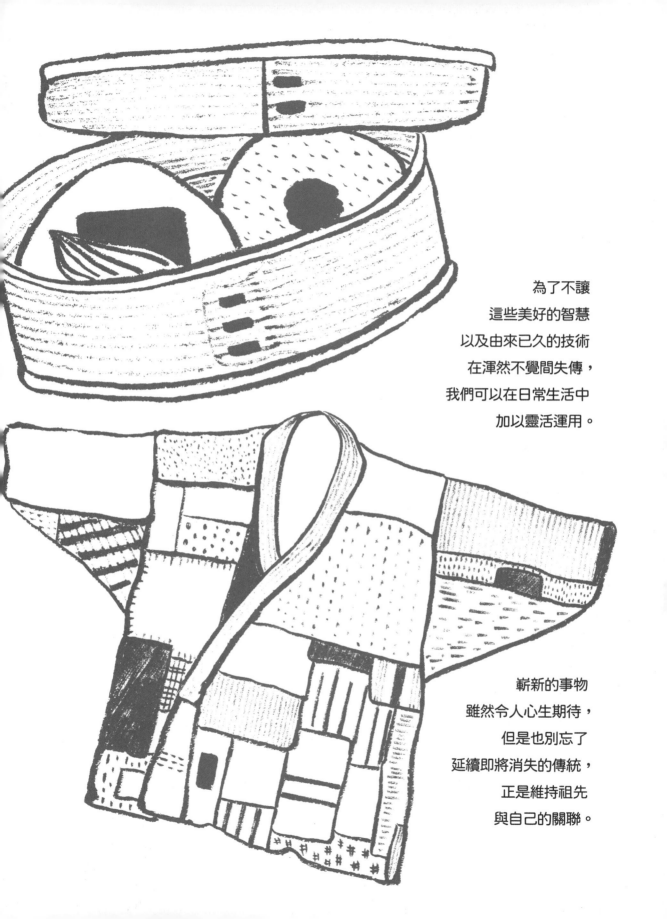

為了不讓
這些美好的智慧
以及由來已久的技術
在渾然不覺間失傳，
我們可以在日常生活中
加以靈活運用。

嶄新的事物
雖然令人心生期待，
但是也別忘了
延續即將消失的傳統，
正是維持祖先
與自己的關聯。

江戶時代的生活智慧

學習實踐永續精神的生活方式

在還沒有電力與瓦斯的江戶時代，人們大清早就來活動，隨著日落就寢，過著跟太陽同步的生活，比起現在擁有更多餘暇。而且當時的人更愛惜東西，會持續使用，最後再作為肥料回歸土壤，不會浪費任何東西。在長屋內形成可靠的社區聯繫，大家在生活中彼此互相幫助。從江戶時代的生活型態，會發現許多揪門永續生活的範本呢。

沒有任何物資 會白白浪費！

草蓆與傘
如果不用就燒成灰

灰
田裡的肥料、
溶入水中洗臉

栽種稻米

糞便變成肥料

稻桿

食物

稻殼
田裡的肥料、
枕頭的填充物

米糠
米糠醬菜
家畜的飼料

從植物產生 衣 再回歸植物

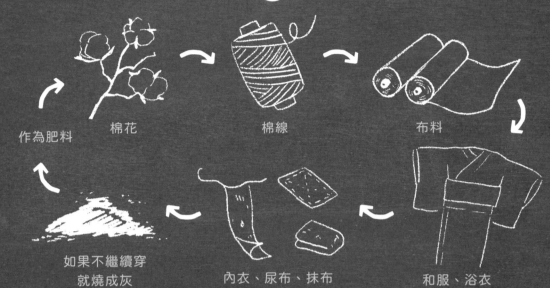

作為肥料　　棉花　　　　　　棉線　　　　　　布料

如果不繼續穿
就燒成灰

內衣、尿布、抹布

和服、浴衣

彼此互相幫助 住 愉快地生活

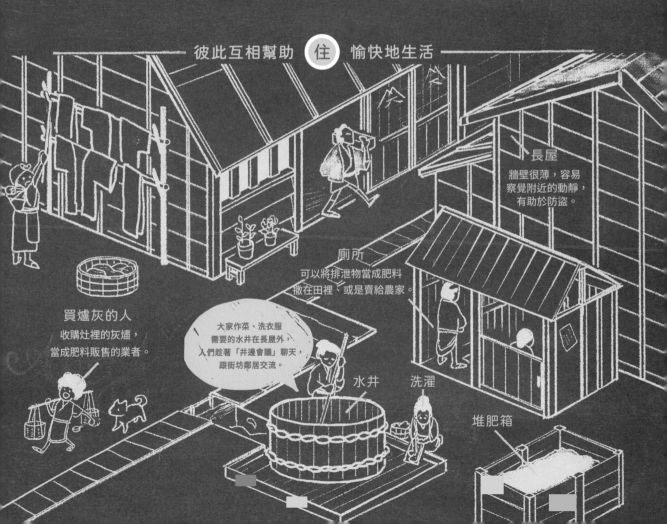

長屋
牆壁很薄，容易
察覺附近的動靜，
有助於防盜。

廁所
可以將排泄物當成肥料
撒在田裡，或是賣給農家。

買爐灰的人
收購灶裡的灰燼，
當成肥料販售的業者。

大家作菜、洗衣服
需要的水井在長屋外，
人們趁著「井邊會議」聊天，
跟街坊鄰居交流。

水井　　洗濯

堆肥箱

不製造垃圾
的生活
zero waste

在自然界裡沒有垃圾。

垃圾是人類發明的，世界上也只有人類會不斷地製造廢棄物。

儘管人們說「糟了！」廢物還是一直增加。

明知道塑膠與電器、放射性物質

「會造成嚴重的汙染問題！」卻還是留給未來的孩子。

究竟為什麼會變成這樣？

要怎樣才能跟其他生物一樣，

過著不製造垃圾的生活？

江戶時代的人們，

在生活中幾乎不會產生廢棄物。

繩文時代甚至連垃圾都沒有。

我們究竟該怎麼作，才能創造無垃圾的時代？

WORK SHEET

不製造垃圾的挑戰！

重新確認生活中產生的垃圾量

好，來玩個遊戲吧！在一個禮拜內，你生活中的垃圾可以減少到什麼程度？
儘量不要多拿不必要的東西、試著修理、
把原有的物品改造成更棒的樣子，由於你的創造力，垃圾也可以變成資源。

必要的條件

避免浪費資源、
製造垃圾的意識。

創造力

嘗試大家一起
想出的方法，
找出其中
最好的一種！

 提示　如果今天一整天，把自己製造的垃圾都塞進
背包裡，會怎麼樣呢……？

在紐約嘗試挑戰一整年「不製造垃圾」
的某個家庭的故事

紐約是個有很多人居住的大都會。有某位住在紐約的爸爸對於目前的生活產生疑問，於是跟家人過了一整年「不製造垃圾」、「不搭乘車輛」、「不看電視」、「不使用電器」、「不添購新東西」的生活。雖然全部都要實踐有點難，但你或許可以從自己作得到的項目開始？

一星期不製造垃圾的遊戲

1　不拿塑膠袋	2　看誰有需要

店員的動作很快唷！

我不需要一！

減少用量
儘可能減少不必要的消耗。

再利用
尋找新的主人，
而不是直接丟棄。

3　加以改造	4　回歸地球

重新再利用
把不要的東西當成素
材再利用，藉著設計
與加工技術，改造成
更好的物品。

什麼是「回歸地球」？
如果想瞭解更多，

可以參考 P18 ～ 19
「生命的轉化」。

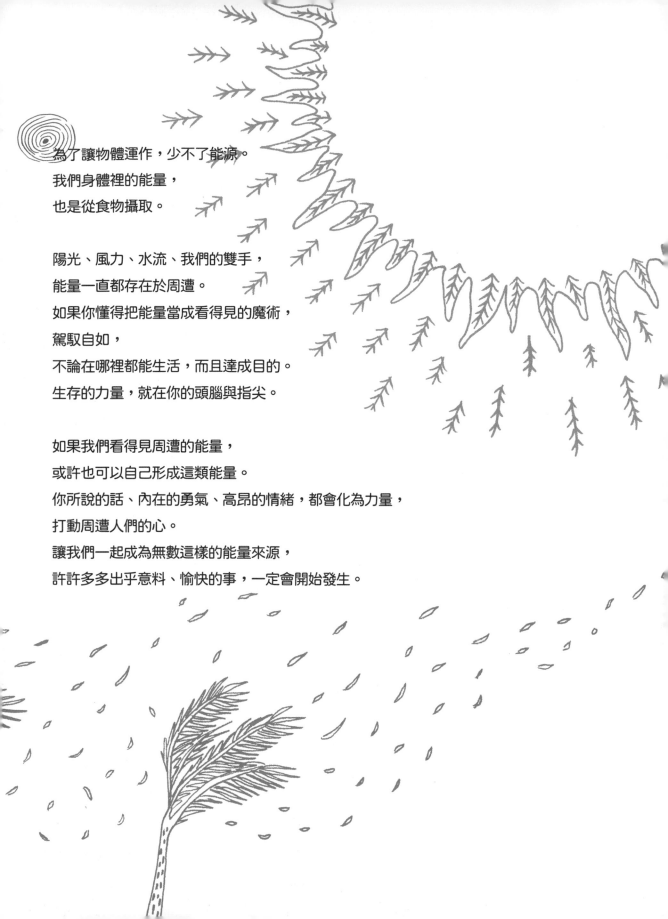

為了讓物體運作，少不了能源。
我們身體裡的能量，
也是從食物攝取。

陽光、風力、水流、我們的雙手，
能量一直都存在於周遭。
如果你懂得把能量當成看得見的魔術，
駕馭自如，
不論在哪裡都能生活，而且達成目的。
生存的力量，就在你的頭腦與指尖。

如果我們看得見周遭的能量，
或許也可以自己形成這類能量。
你所說的話、內在的勇氣、高昂的情緒，都會化為力量，
打動周遭人們的心。
讓我們一起成為無數這樣的能量來源，
許許多多出乎意料、愉快的事，一定會開始發生。

各種天然能源

試著找出地球的插座吧

所謂能量，就是促使某些東西移動、發生變化的力量。在我們的生活周遭，到處都有自然給予的能量。只要瞭解能量的性質，就可以把它們當作地球的插座，自由自在地使用。

語言 特別

自古以來，據說語言蘊含著「靈魂」。你的聲音可以聚集周遭的人，讓他人高興、達到鼓勵的作用，成為改變的力量。

太陽 光 熱

陽光是地球生命的起源，太陽的光線與帶來的熱能，讓形成風雨的水、大氣持續循環、促進植物生長，讓生物的身體保持溫暖，並且照亮地球，給予我們「白晝」的時間。

瀑布 位 動

水力發電是利用從高處流往低處的水流，讓馬達運作發電。

興奮期待、心跳不止 特別

每個人不管身在何處都具備的能量。無論面對多大的挑戰，一切都從你心跳加速、興奮期待的心情開始！

熱能	加溫的力量	光能	讓周遭事物更明亮的力量。藉著陽光也可以幫助植物進行光合作用，產生澱粉與氧氣。
動能	使物體移動的力量	位能	當物體由於重力從高處落下時，因衝擊產生的力量。

月亮 光

月亮隨著太陽光線的反射，呈現出滿月或弦月等月相。潮汐也是由於月亮的引力而產生。許多生物的生活節奏也受到月亮的影響。

風 動

由於空氣的移動形成風。受到太陽加熱使空氣上升，或是因為冷卻而下降，空氣的流動以風的形式讓我們感受到。

雨 位 動

雨水透過森林，緩緩地滲入地底。經過長時間在土壤與岩層中淨化，成為飽含養分的水，積蓄在地下深處。

波 動

由於風力而形成的波浪。如何利用持續不斷的波濤的力量，關於波力發電的研究也在發展中。

海水溫 熱

深海的水經過一二〇〇年循環。科學家正在研究，利用溫暖的表層海水與冰涼的深海海水的溫差發電。

接近自然
Be Nature

我們已經遺忘，人類與自然不是各自存在，
我們是自然的一部分。
所以破壞自然，
就像在殘害自己的身體，
會讓我們陷入苦難。

最重要的是，要記得我們也是生存在自然界裡的動物。
大自然提供人類所需，如果我們能夠有所回饋，
世界將會變得更美好和諧。
為了在地球這座共居公寓裡，跟各種各樣的生物
一直愉快地生活下去，

我們可以作些什麼呢？

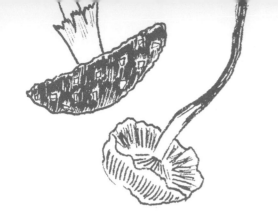

什麼是屬於自己的
生存方式？

超越現在的大人

The Next Generation

你們這個世代
能夠超越現在的大人。
這並不表示，
你們必須依照跟大人相同的道路前進，
對於現在無法解決的問題，
希望大家可以用不同的形式嘗試挑戰。

舉例來說，如果大人為了「忙碌」而煩惱，
你們就找出不必太忙的生活方式。
要是為了「沒錢」而苦惱，就試著發現
即使沒有錢，也能過得富足充裕的方法。
能夠達成大人所無法實現的事，
其實也等於超越了他們。

所以，即使聽到大人或任何人說「不可能」，
也不要因此放棄，最重要的是首先自己嘗試看看。
或許這只表示那個人作不到而已呀。
這麼一來，你將成為把「不可能」轉化為「可能」的人！

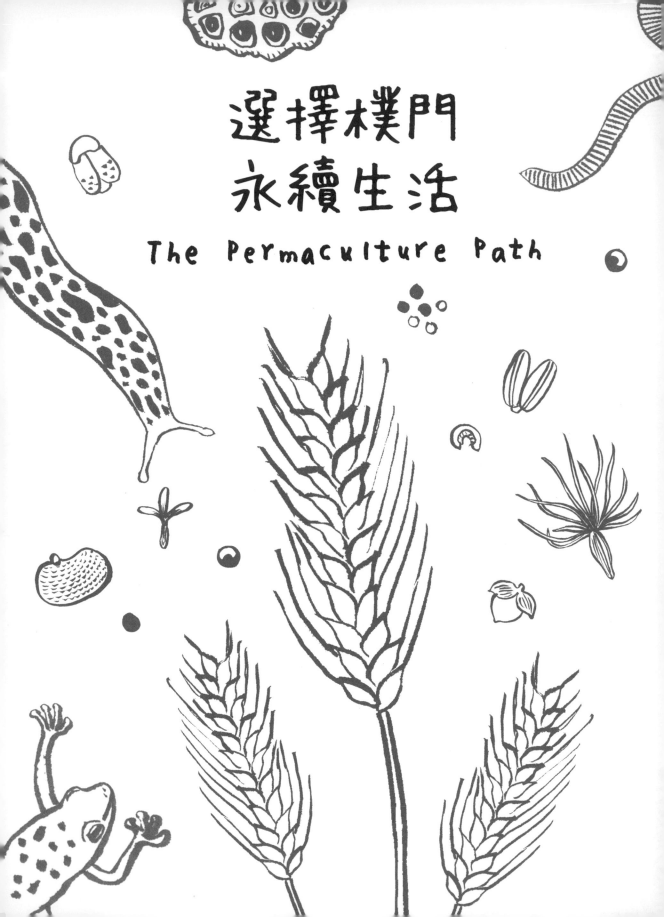

世界上有許多生活方式，
最重要的是在人生的過程中，
活得神采奕奕。

所以每個人都會思考哪一條道路比較理想，慎重選擇，
即使途中路徑有所變化，繞遠路也沒關係。

樸門永續生活是其中一種方式，
我希望大家都來體驗樸門永續生活的有趣冒險，
所以這本書就像一份邀請函。

樸門永續生活注重的是
讓人們成為自然的一部分，共同合作，
過著豐富的人生，
讓下一個世代也跟這個世界和諧相處。

所以我嚐到由前人種植的樹木 所結出的果實，
自己也種下新的樹，讓未來的世代能夠收成，
就算我們自己吃不到也沒關係。
在持續前進的過程中，
留下樹木的果實或漂亮的花，作為回報地球的禮物，
這不就像是與未來的約定嗎？

小小的英雄

Tiny Little Heroes

偌大的地球懸浮在浩瀚的宇宙間，
你、我以及無數其他生物，每天都生活在這裡。
像這樣看似理所當然的日子，背後究竟由誰在維繫呢？
答案是微小到肉眼看不見的「微生物」。

微生物可以為我們培育土壤、創造肥沃的森林與土地，
淨化水質、讓地球恢復純淨，
幫助我們每天維持身體健康，
使味噌、醬油等食材變得更美味，
並且讓死去的生物轉化為
新的生命型態。

地球持續存在，我們得以活著，
都是因為微生物在看不見的地方
創造、孕育、守護著生命。

雖然是極其微小的生物，
卻對我們有很大的幫助。

儘管我們跟微生物一樣，每個人的力量都很渺小，
只要扮演好自己的角色，
總有一天會帶來顯著的變化。

正如我們的祖先，小小的英雄
今天也彷彿理所當然地，守護著我們的生命。

後記

讀完這本書以後，你覺得如何呢？
有沒有哪個部份讓你感到特別有趣？

這本書裡囊括許多
地球上的美好事物，
即使我們已經儘可能列入書中，
其實還有很多很多，
不只是這樣而已，絕對不止！

所以，希望接下來由你
繼續完成這本書，
你可以匯集更多與
《向孩子借來的地球》共同的要素。

透過這些，我可以認識
你所建立的世界。
那麼，就讓我們一起來進行吧。

最後我對你有個請求：
請試著挑戰
你所感興趣的項目，
你一定會發現另一個有趣的世界，
也請你把大人拉進來共同參與，
大人們其實也想
更自由愉快地生活，
即使總說「沒時間」，
或許那只是藉口。
請不要放棄，保持愉快地
繼續邀請他們。

你本身就是未來的希望，
感謝世界上有你存在。

moved by love

SPECIAL THANKS

Oda Junko 🐚 Fairylandlily 🦜 スタンダードブックストア代表 中川和彦 ♂ 森 佳織 🐚

仲間聡子 🏠 ねこくま 🌿 パーマカルチャー関西 🌱 阿部 高之 🐢 鳴美璃子 🐝 伊藤早也香 🐌

HAPPY PLACE（幸所）🐚 成瀬望 🦋 Miyuki Hosokawa 🐜 奥尻ゲストハウス imacoco 🐜

斉藤万里子 🐞🐞🐞 Eriko Ueno 🌷 よりうめひでき 👁 庄司正昭 🐛 かるら志保 ◢

ありんこ農苑 🍄 ヒナタノ食堂 🌻 上塘健司 🌾 日高 yumico 🐙 Ai Sasaki 🦑 宮岸真 🦑

いぶき 🌼 Vamos 🌸 川井 夏子 🐦 小林史佳 🌿 イナバユキ 🦜 from 西東万里 to 小松知勢 ♂

Artesanía Amazónica La Cambita 🐚 河﨑七ノ葉 🏠 Momoko Wolff 🌼 先川原弘美 🌿

浜田 直子 🐝 naonyang 🌿 Sean and Yuka Saito Kelly 🐛 西村 友希 🌿 Masamitsu Takahashi 🐚

WaaGwaan 🐛 中村拓郎 🌱 石原真奈美 🌿 chiharu k 🐞🐞🐞 くらたみさと 🦋 濱崎格 🌻

ヤマグチカズヤ ◢ Ayano Kawasaki ◢ 菅田凜太郎 🍄 すまあみ 🌻 yumisato 🌱

あいのや 🍄 三角エコビレッジ SAIHATE（坂井勇貴）🦋 ごとうなおみ 🐙 Shin&Satoko 🐚

satojun 🌸 株式会社 N.e.t ニシノタクロウ 🌿 澁谷真紀 🐛 馬渕弘明 🦜 かなた・きか ♂

Madoka（GreenCircle 自然農園）🐚 石井 光 🏠 新井由己 🐛 @0325tatsuya 🐝 勇禎

Miyuki Lee 🌷 中野 喜壱 🌸 KAZUHIRO UCHIMOTO 🐚 Zen Tabata 🦋 土橋 大輔 🌾

Yorie Akiba 🐛 綾部太輔 🐞🐞🐞 やまもとぼゐ 🌷 りょうこ 🌻 戸谷浩隆（ウェル洋光台）◢

ayako_HaLo ◢ Mikoto Chrys Chiba ◢ 畑中みどり 🌻 シゲマツタカコ 🌱 Akane 🍄

きょんきょんファミリー 🌿 河野宏樹 🦑 Sachi 🌻 城所 謙志・愛・麦 🌸 Yuki Roehreke 🐚

Rika 🌱 Yuwa Sajima 🦜 the Baxter-Neal family ♂ Chisato Suzuki 🐚 Yui Horiuchi 🏠

柳生ひろみ 🌼 NEW ALTERNATIVE / ISI PRESS 🐝 倉林舞 🌿 鳥谷部 有子 🌷 岡野 忠 🌿

冴花 🐚 nozomi-hope 🌱 Amby Life 🦜 John 🐜 佐藤 慶明 🐞🐞🐞 Keiko Shimura 🌷

永谷タイ 🌻 藤井哲尚 ◢ 鈴木菜央 ◢ ますだあかね 🌿 富岡麻美 🌻 猪鹿倉 陽子 🌱

池田美砂子 🍄 tento, cosmo, teruru, mikumo 🌿 山崎百合子, りそな 🦑 川本麻衣子 🌻

hiro.s 🌸 ゆったりおったりの森 🌱 風間理紗 🐝 のせたかこ 🐦 工藤亜矢 🦜 植月千砂 ♂

ちむどんどん-ユウ 🐚 Yukari Manabe 🏠 asatomo 🌼 Sachiko Kenjo 🐝 田辺綾子 🌿

這本書能夠出版，要感謝許多人的支持、給予力量

T.Kumazaki:) 梶岡和香奈 アベノリコ Nozomu Osawa Ria&Akiko Sugita
森野 篤 IZUMI ASAKO Yusuke Matsui CHOME Yoshiki Mori 寺社下 茜
やぶ えりこ ふくい まなつ 笑達 前嶋葵 後藤茉莉子，洋太，くるみ
金澤ユミ inunokomachi 古瀬美絵子 岡田大和のどか Mariko Miki
Takeshi Mimura 大山邦興 AKI UEMURA 佐々木祐子 からむしざわともみ
○にじのわむぅ○ 近藤 空 Hiro Minato 林怜，祈希 八木優 八木一樹
ヒラノ サヤカ togo 小松ファミリー 木邑優子 大高健志 しょうじ きこ
小谷春美 野川未央 畔柳ゆう ワイン食堂トキワ 光○裕子○元 いつみ
小林 さとこ 辻沙友里 ふじもりよし Panchavati Ken 木部ちゃこ
田島俊介，幸子 江口亜維子 Eri Suzuki Tomita たかはしあきら 松園亜矢
Kumiko Jin 山﨑誠太，一輝 ayacoco おおにし あゆみ そらたね株式会社
よこべまゆ つんつん 空飛ぶカエル 萩原梨江 滝沢知子 輝蝶 音鳴文庫
Mark & Liliko Sawyer はしも's Sonomi Takatsuka 本澤絢子 涼湖
MAKI OHASHI 木村智史FAMILY ナカノ カオリ 小林 ほたる げべ
THanks 地球！ Maya Komatsu AYA YAMAUCHI（LIKO YOGA） いしいよしこ
朝食屋コバカバ 赤澤篤資 James and Momoko Luce Miyabi Gallo 内野清美
Haripriya春 中村ちひろ 長谷川 卓也，和子，空也 谷嶋明澄 藤田いちえ
鈴木麻美 高橋香織 Maya 高千穂MotherForest 松村有香里 仲井真 淳
河合友泰（いのちの楽校） みっちー Cafe Ria-ria 嶋尾かの子 佐藤庸子
大鶴優花，彩乃 みやさかゆか ゆきのとあおば まじま なおこ 木多渓
むらばやし4兄妹 中島デコ takako mimura 森田幸浩 住友晴 藤井靖史
PRUSIK HAIR&MAKE めぐむ，そうすけ 吉澤真満子 SHARE WILD PROJECT
ウエノチシン 豊住ゆき 相澤真耶 神崎典子 小倉綾子（宮内舎） 川口信光
町家salon&stay 初華 野副瑛美マーガレット 鈴木里欣 佐々木 創士 山﨑 隼

SPECIAL THANKS

くろき まい, ゆい ✿ 柿本禄郎, 幹太 ✿ おおのゆうき, りんこ ✿ 西田真朱, 浅黄 ✿ Orie ✿ 土屋佳子, あずさ ✿ 桃伽＆知佐子 ✿ SRH.miyamura ✿ Natsuko Iwasaki ✿ 古乃芭と慶真 ✿ TOMOKO SASAKI ✿ Ted Howard & Megumi Kumagai ✿ Cafe Ocean ✿ 丸尾 美由紀 ✿ 山舗恭子 ✿ Shoichi Yoshizaki ✿ 藤井佳子（みっちん）✿ 森山佳代 ✿ 高橋翔子 ✿ TV管理本部ユニット ✿ 河口緩美 ✿ 今井 麻希子 ✿ 青田埜々 ✿ OSAMU AKASHI ✿ すみちゃん ✿ Yukihikaru ✿ 仁木俊文 ✿ Katsunobu Ando ✿ Miho Okada ✿ Satomi Okuma ✿ 大月宏美 ✿ 岩尾 沙緒梨 ✿ 橋本亜弥 ✿ しろまこうみ ✿ おぐり ひでお ✿ Kasui ✿ きよあみくるみ ✿ 櫻井 菜保美 ✿ Elie Tanabe ✿ 穂積奈々 ✿ Kaoru Nakano ✿ 小島識名 ✿ とのおか みのり ✿ Spice Life dâna ✿ 多田 はるひ ✿ rumiboo ✿ Naoko Takayama ✿ Kayo Matsubara ✿ ACO YOSHIDA ✿ Kumiko Kurosaki ✿ 杉浦恵子 ✿ Keiko Murase ✿ ゆか ✿ 島田聡 ✿ なかじまえり ✿ Asako Imazeki ✿ 竹内 頌 ✿ N♡N ✿ こやまみかえ ✿ 井上基 ✿ Takeishi Kohei & Ai ✿ sunachan ✿ 坂本 浩史朗（国分寺カルティベイト）✿ 小島真悟 ✿ Show裵岩尚眼 ✿ Masumi Aso ✿ 日月彩加 ✿ Moena Hosono ✿ 麻衣 ✿ Hirohisa Shimizu ✿ 可偉 ✿ 本村綾 ✿ ふじさん ✿ たんぽぽヨーガ ✿ 迫加奈 ✿ 田中太貴 ✿ 石川咲子 ✿ すべてのはじまり『あま』✿ 長井雅史 ✿ Kuratch45 ✿ 藤井陽太 ✿ 遠藤 富美夫 ✿ 中村 暁 ✿ KatsuhiroMiz ✿ 久保 健太郎 ✿ 長谷部 郁絵 ✿ Tomomi Suzuki ✿ しの ✿ Guesthouse Misosoup ✿ 工藤茂広 ✿ 大澤博子 ✿ 鶴田朋子 ✿ Ayako & Sui ✿ 平沢 仁美 ✿ 沓名輝政 ✿ naomi ✿ 小出理博 ✿ 田並劇場 ✿ tomoca ✿ ちぱる ✿ 後藤志果 ✿ 谷口智子 ✿ 伊藤万季 ✿ インターネットラジオ「こっからパーマカルチャー」✿ 土屋実穂 ✿ 岩瀬 淑乃 ✿ きら／河合 史惠 ✿ 鈴木直樹, 真唯子 ✿ 沖の家-okinoie- ✿ yumie ✿ 農園かえるの歌 ✿ ヒデ＆ひらめ ✿ sayo☆fuki☆chino ✿ きゅうりちゃん ✿ やんばるシンカヌチャービレッジ ✿ 工藤睦美（三角エコビレッジSAIHATE）✿ 鶴岡龍介 ✿ Mayumi Naka♡ ✿ むらたしおり ✿ Akina Suzuki ✿ ほっけ ✿ kanno natsumi

這本書能夠出版，要感謝許多人的支持、給予力量

sozo　Sachiko Hirano　榊 笙子　ナカツカ ミカ　もりの楽舎 ことのね　筑波山 ムクムク　こすぎさなえ　Ari　Bansi Family　やすこ　はたけやまさとみ　Lata　キクチヨーコ，ノノカ　Saori Matsuo　澁谷 都紀子　小桜恵子　水野 佳　のどか（non）　きじま いちか　べび　種をまく大人たち　Taichi & Misaki A.　ゆめちゃん　Koichiro Takegasa　いおかゆうみと田中雅紀　Kaneko aki-mina-hana　小野寺 愛（一般社団法人そっか共同代表）　伊藤大悟、桃、杏、玄　Rie Omino　中竹佳奈　IKUYO KAI　BRIGHTMAKER　山本絢心＆山本纂大　うず　竹野トコ、晴の介　DENNIS BANKS　原田和摩、知美　ちゃこ（江頭桜子）　佐藤大智（自由大学）　面白法人カヤックやなさわ　西貝瑶子　Cynthia &Maina　村上ゆう　福岡達也　門田麦　辻信一　円山隆　Mika Iwaya　ユウキ ヒロミ　大槻紘子　田中秀幸　つのゆきゑ　ワダキ　恒平と周平の祖先　湯浅樺菜　木下拓己＠広報貴族　きこりん　宮沢佳恵　湯浅楓花　吉川香織，響人，千咲　さとう なると，さくと，かよ　加藤恵子　Taeko Makimura　德永米祈　中島綾子　守田矩子　松浦華枝　OTTSUKU　土屋敦子，勝敬　原口 康，優子，直生，明生　市谷理子　徳重朋子　kaisei　高田友美　じゅんじゅん　yunico　たもつ♡かずみ　河内正好，みすず　許 敬華　小西琴美　Aiko Carina Isopp　糧（kentaooe）　玉置典代　溝口 つばさ　三栗祐己　LOVE GARDEN　布施眞子　Mika Izumi　豊滿德樹　山口源忠　いっちー　渋谷和寿　IKUE IKEDA　Sachiko Kaneko　こくぼひろし　井上牧子　神通一仁　矢野 明　中村 龍太郎　西田 又紀二　酒井麻里　daisuke, miki, ojiro, chiyuri　Fumiko Yamamoto　SasaharaTsukasa　カノンケント　Maiko Jo　西村千恵，光篤，英篤（FARM CANNING）　Ikawa.s　綾部 siz 淑　ミチマサ ナカヤマ　MaboTomoTaiga:)　本多智子　omiomi　古田直美　のん（＠高遠）　内山隆　冨田貴史

Thank you !

向孩子借來的地球
20個自然生活練習，
打造綠色家園與可持續的未來

みんなのちきゅうカタログ

審　　訂　索耶海
插　　畫　川村若菜
文　　字　福岡梓
譯　　者　嚴可婷
封面設計　郭彥宏
內頁排版　高巧怡
行銷企劃　林瑀
行銷統籌　駱漢琦
業務發行　邱紹溢
果力總編　蔣慧仙
漫遊者總編　李亞南
出　　版　果力文化 漫遊者文化事業股份有限公司
地　　址　台北市松山區復興北路331號4樓
電　　話　(02) 2715-2022
傳　　真　(02) 2715-2021
服務信箱　service@azothbooks.com
網路書店　www.azothbooks.com
臉　　書　www.facebook.com/azothbooks.read
營運統籌　大雁文化事業股份有限公司
地　　址　台北市松山區復興北路333號11樓之4
劃撥帳號　50022001
戶　　名　漫遊者文化事業股份有限公司
初版一刷　2021年7月
定　　價　台幣450元

ISBN　978-986-06336-1-0

國家圖書館出版品預行編目 (CIP) 資料

向孩子借來的地球：20 個自然生活練習, 打造綠色家園和可持續的未來／索耶海審訂；福岡梓文字；川村若菜插畫；嚴可婷譯. -- 初版. -- 臺北市：果力文化／漫遊者事業股份有限公司出版：大雁出版基地發行, 2021.07
144 面；18.2 x 24.2 公分
ISBN 978-986-06336-1-0（平裝）
1. 永續農業 2. 環境教育
430.13　　　　　　　　　　110010278

漫遊，一種新的路上觀察學
www.azothbooks.com
漫遊者文化

大人的素養課，通往自由學習之路
www.ontheroad.today
遍路文化・線上課程